建筑业农民工职业技能培训教材

装饰装修木工

建设部干部学院　主编

华中科技大学出版社

中国·武汉

内 容 提 要

本书是按原建设部、劳动和社会保障部发布的《职业技能标准》、《职业技能岗位鉴定规范》内容，结合农民工实际情况，系统地介绍了装饰装修木工的基础知识以及工作中常用材料、机具设备、基本施工工艺、操作技术要点、施工质量验收要求、安全操作技术等。主要内容包括常用材料、常用木工机具设备、吊顶工程、隔墙工程、木门窗工程、楼地面工程、室内装饰装修工程、装饰装修木工安全操作技术。本书做到了技术内容最新、最实用，文字通俗易懂，语言生动，并辅以大量直观的图表，能满足不同文化层次的技术工人和读者的需要。

本书是建筑业农民工职业技能培训教材，也适合建筑工人自学以及高职、中职学生参考使用。

图书在版编目(CIP)数据

装饰装修木工/建设部干部学院 主编

—武汉：华中科技大学出版社，2009.5

建筑业农民工职业技能培训教材.

ISBN 978-7-5609-5290-1

Ⅰ.装… Ⅱ.建… Ⅲ.建筑装饰—工程装修—细木工—技术培训—教材 Ⅳ.TU759.5

中国版本图书馆 CIP 数据核字(2009)第 049516 号

装饰装修木工 建设部干部学院 主编

责任编辑：岳永铭

封面设计：张 璐

责任监印：张正林

出版发行：华中科技大学出版社(中国·武汉)武昌喻家山

邮 编：430074

发行电话：(022)60266190 60266199(兼传真)

网 址：www.hustpas.com

印 刷：湖北新华印务有限公司

开本：710mm×1000mm 1/16 印张：8 字数：159 千字

版次：2009 年 5 月第 1 版 印次：2015 年 9 月第 4 次印刷 定价：17.00 元

ISBN 978-7-5609-5290-1/TU·579

(本书若有印装质量问题，请向出版社发行科调换)

《建筑业农民工职业技能培训教材》编审委员会名单

前　言

为贯彻落实《就业促进法》和(国发〔2008〕5 号)《国务院关于做好促进就业工作的通知》文件精神，根据住房和城乡建设部［建人(2008)109 号］《关于印发建筑业农民工技能培训示范工程实施意见的通知》要求，建设部干部学院组织专家、工程技术人员和相关培训机构教师编写了这套《建筑业农民工职业技能培训教材》系列丛书。

丛书结合原建设部、劳动和社会保障部发布的《职业技能标准》、《职业技能岗位鉴定规范》，以实现全面提高建设领域职工队伍整体素质，加快培养具有熟练操作技能的技术工人，尤其是加快提高建筑业农民工职业技能水平，保证建筑工程质量和安全，促进广大农民工就业为目标，按照国家职业资格等级划分的五级：职业资格五级(初级工)、职业资格四级(中级工)、职业资格三级(高级工)、职业资格二级(技师)、职业资格一级(高级技师)要求，结合农民工实际情况，具体以"职业资格五级(初级工)"和"职业资格四级(中级工)"为重点而编写，是专为建筑业农民工朋友"量身订制"的一套培训教材。

同时，本套教材不仅涵盖了先进、成熟、实用的建筑工程施工技术，还包括了现代新材料、新技术、新工艺和环境、职业健康安全、节能环保等方面的知识，力求做到了技术内容最新、最实用，文字通俗易懂，语言生动，并辅以大量直观的图表，能满足不同文化层次的技术工人和读者的需要。

丛书分为《建筑工程》、《建筑安装工程》、《建筑装饰装修工程》3 大系列 23 个分册，包括：

一、《建筑工程》系列，11 个分册，分别是《钢筋工》、《建筑电工》、《砌筑工》、《防水工》、《抹灰工》、《混凝土工》、《木工》、《油漆工》、《架子工》、《测量放线工》、《中小型建筑机械操作工》。

二、《建筑安装工程》系列，6 个分册，分别是《电焊工》、《工程电气设备安装调试工》、《管道工》、《安装起重工》、《钳工》、《通风工》。

三、《建筑装饰装修工程》系列，6 个分册，分别是《镶贴工》、《装饰装修木工》、《金属工》、《涂裱工》、《幕墙制作工》、《幕墙安装工》。

本书根据"装饰装修木工"工种职业操作技能，结合在建筑工程中实际的应用，针对建筑工程施工材料、机具、施工工艺、质量要求、安全操作技术等做了具体、详细的阐述。本书内容包括常用材料、常用木工机具设备、吊顶工程、隔墙工程、木门窗工程、楼地面工程、室内装饰装修工程、装饰装修木工安全操作技术。

本书对于正在进行大规模基础设施建设和房屋建筑工程的广大农民工人和技术人员都将具有很好的指导意义和极大的帮助，不仅极大地提高工人操作技能水平和职业安全水平，更对保证建筑工程施工质量，促进建筑安装工程施工新技术、新工艺、新材料的推广与应用都有很好的推动作用。

由于时间限制，以及编者水平有限，本书难免有疏漏和谬误之处，欢迎广大读者批评指正，以便本丛书再版时修订。

编　者

2009 年 4 月

目　录

第一章　常用材料

第一节　胶合板、人造板

一、胶合板

为了解决材料的各向异性，胶合板一般均按奇数层制作，如三层、五层、七层、九层制板。胶合板的面层通常选用外观比较完整且花纹较美观的材料，底层用料一般比面层略差，而中间层用料较差。

1. 胶合板的分类

胶合板一般按耐气候、耐水、耐潮来分类。

(1) Ⅰ类，耐气候、耐沸水胶合板：这类胶合板是用酚醛树脂胶或其他性能相当的胶粘剂粘合而成的，具有耐久、耐煮沸（或蒸汽）、耐干热和抗菌等性能，可在室外使用。但其价格较高，非室外或蒸汽房等处不用。

(2) Ⅱ类，耐水胶合板：这类胶合板使用脲醛树脂胶等胶粘剂粘合而成，能在冷水中浸泡和经受短时间的热水浸泡，有抗菌性能，但不耐沸水，在热源蒸汽房、锅炉房等处禁用。

(3) Ⅲ类，耐潮胶合板：这类胶合板是用血胶和带有多量填料的脲醛树脂等胶粘剂制成的，能耐短期的冷水浸泡，适合室内常温状态下使用，市场上大量供应的基本上属此类。

2. 胶合板的规格

(1)厚度：厚度与层数有关，三层厚度为 2.5～6 mm；五层厚度为5～12 mm；七～九层厚度为 7～19 mm，十一层厚度为 11～30 mm。

(2)幅面尺寸：幅面尺寸见表 1-1。

二、纤维板

根据板材密度的不同，纤维板分成硬质纤维板（密度在 0.8 g/cm^3 以上）、半硬质纤维板（也称中密度板，密度在 0.4～0.8 g/cm^3 范围内）和软质纤维板（密度在 0.4 g/cm^3 以下）。硬质、半硬质纤维板强度大，适合于各种建筑装饰装修，制作家具。软质纤维板具有保温、隔热、吸声、绝缘性能好等特点，主要适用于建筑装饰装修中的隔热、保温、吸声等，并可用于电气绝缘板。中密度纤维板是近年来国内外迅速发展的一种新型的木质人造板，简称 MDF。具有组织结构均匀、密度适中、抗拉强度大、板面平滑、易于装饰等特点。

表 1-1　　胶合板幅面尺寸　　(单位:mm)

厚　度	宽×长
2.5,3,3.5,4.5,5,自 5 mm 起按 1 mm 递增	915×915 915×1830 915×2135 1220×1220 1220×1830 1220×2135 1220×2440 1525×1525 1525×1830

纤维板具有如下特点:

(1)各部分构造均匀,硬质和半硬质纤维板含水率都在 20%以下,质地坚实,吸水性和吸湿率低,不易翘曲、开裂和变形。

(2)同一平面内各个方向的力学强度均匀。硬质纤维板强度高。

(3)纤维板无节疤、变色、腐朽、夹皮、虫眼等木材中通见的疾病,称为无疾病木材。

(4)纤维板幅面大,加工性能好,利用率高。1 m^3 纤维板的使用率相当于 3 m^3 木材。纤维板表面处理方便,是进行二次加工的良好基材。

(5)原材料来源广,制造成本低。

三、刨花板

刨花板是利用木材加工过程中的刨花、锯末和一定规格的碎木作原料,加入一定量的合成树脂或其他胶结材料(如水泥、石膏、菱苦土)拌合,再经铺装、入模热压、干燥而成的一种人造板材。

刨花板具有严整结实、物理力学强度高、纵向横向强度一致、板面幅度大等特点,适宜于各种建筑装饰装修及制作各种木器家具。

刨花板加工性能良好,可钉、可锯、可上螺钉、开榫打眼,根据厚度、密度和强度的不同,刨花板有多种类型。经过特殊处理的刨花板具有防火、防霉、隔声等性能,经过二次加工和表面处理后的刨花板具有更广泛的应用前景。

四、细木工板

细木工板是上下两层单板中间夹有小木料,经胶合而成的人造板材,具有幅面大、平整、吸声、隔热、使用方便等特点,以加工工艺可分为不砂光板、一面砂光板和两面砂光板。依据宜采用的胶类可分为Ⅰ类和Ⅱ类板。依材质和加工质量可分为一、二、三级板。其幅面为 915 mm×915 mm、1830 mm×915 mm、2135 mm×915 mm 的三种，厚度有 16 mm、19 mm 两种；以及幅面为1220 mm×1220 mm、1830 mm×1220 mm、2135 mm×1220 mm、2440 mm×1220 mm 的两种，厚度有 22 mm、25 mm 两种。

第二节　地面材料

一、竹地板

竹地板具有耐磨、防潮、防燃、铺设后不开裂，不扭曲、不发胀、不变形等特点，外观呈现自然竹纹，色泽高雅美观，顺应人们回归大自然的心理，是 20 世纪 90 年代兴起的室内地面装饰材料。目前市场上销售的竹地板按形状分为条形板和方形板两种，条形板规格为 610 mm×91 mm×15 mm，方形板规格为 300 mm×300 mm×15 mm。竹木地板一般可分为径面竹地板（又称侧压板）、弦面竹地板（有两种做法，分别是平压式和字形地板）以及竹木复合地板。

二、木地板

1. 条木地板

条木地板是使用最普遍的木质地面，常选用松木、水曲柳、枫木、柚木、榆木等硬质木材。材质要求耐磨，不易腐蚀，不易变形开裂。条木地板可分为平口地板和企口地板（又称或错口地板、榫接地板或龙凤地板），见图 1-1，其构造做法见图 1-2。

平口地板常见规格：200 mm×40 mm×12 mm、250 mm×50 mm×10 mm、300 mm×60 mm×10 mm。

企口地板常见规格：小规格：200 mm×40 mm×(12～15) mm、250 mm×50 mm×(15×20) mm；大规格：(400～1200) mm×(50～120) mm×(15～120) mm。

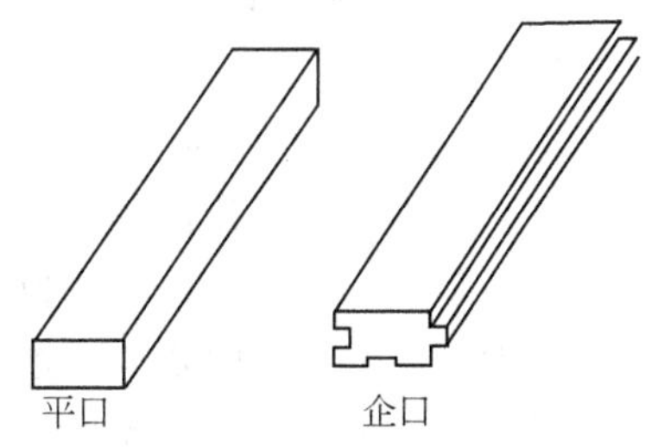

图 1-1　条木地板

(1)平口木地板具有以下优缺点。

1)原材料来源丰富（小径材、加工剩余的小材、小料），出材率高，设备投资低，因此其成本价相对低廉。

2)用途广。它不仅可作为地板，也可作拼花板，墙裙装饰以及天花板吊顶等室内装饰。

3)该地板生产属劳动密集型，为开辟就业之路，提高木材综合利用开辟了广阔天地。

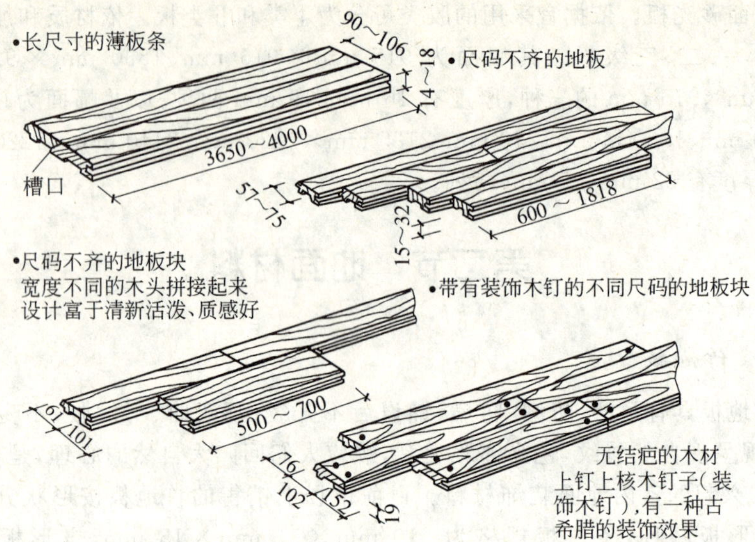

图 1-2　条木地板构造做法

4)平口地板铺设简单，一般采用与地面基层直接黏结，施工成本低，一般消费者都能承受。

5)地板加工精度比较高，相邻之间必须互相垂直，纵向尺寸只允许有负公差，拼装后缝隙与加工精度有关。

6)整个板面观感尺寸较碎，图案显得零散。

(2)企口木地板具有以下优缺点。

1)企口木地板与平口地板相比较，结合紧密，脚感好，工艺成熟，可用简单的设备操作，也可用专用设备生产。加工工艺较平口地板复杂，价格较贵。

2)企口木地板常用的铺设方法有以下三种：

①小于 300 mm 的企口地板可采用直接用胶粘地；

②大于 400 mm 的企口地板，必须采用龙骨铺设法；

③双企口地板采用不粘胶悬浮铺设法，拆装搬迁灵活方便，有损坏时，修补也方便。

2. 拼木地板

拼木地板是一种高级的室内地面装修材料，是一种工艺美术性极强的高级地板。常选用水曲柳、核桃木、栎木、柞木、槐木和柳木等木材。拼木地板又称木质马赛克，它的款式多样，拼装图案见图 1-3。

拼花板有较高的加工性和观赏艺术性，能充分体现设计者的艺术技巧和风格，具有如下特点。

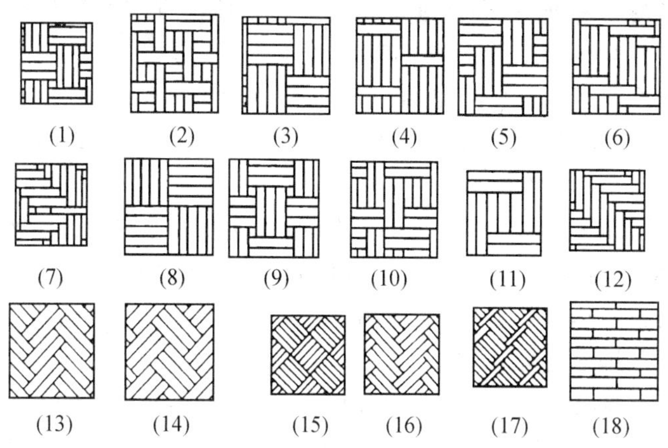

图 1-3 拼装图案

(1)观赏效果好。可根据设计要求和环境相互协调,体现室内装饰格调的一致性和高档性,既典雅大方,又浪漫抽象。

(2)投资少、见效快、利润高,属劳动密集型产品。

(3)图案多变,工艺性强。

(4)原料丰富,出材率、利用率高。

(5)工艺设计应变性较高,大批量生产有困难。

(6)由于不同树种的拼合,木材含水率要严格控制,稍有不慎,就成废品。

3. 曲线木地板

曲线木地板通常均为长条形,它充分考虑了木材本身的材性,较好地解决了木地板受潮后引起的起拱变形的弊端,而且保证了槽与榫之间的咬合力远远大于条形木地板,因此备受消费者的喜爱。

4. 软木地板

软木地板是将软木颗粒用现代工艺技术压制成规格片块,表面有透明的树脂耐磨层(一般生产厂家保证产品有 10 年耐磨年限),下面有 PVC 防潮层的复合地板。这种地板具有软木的优良特性,自然、美观、防滑、耐磨、抗污、防潮、有弹性、脚感舒适。此外,软木地板还具有抗静电、耐压、保温、吸声、阻燃功能,是一种理想的地面装饰材料。

软木地板有长条形和方块形两种,长条形规格为 900 mm×150 mm,方块形规格为 300 mm×300 mm,能相互拼花,亦可切割出任何几何图案。

三、复合地板

复合地板是由原木经去皮、粉碎、蒸煮、复合压制而成的,是近年来在国内市场上流行起来的一种新型、高档铺地材料。复合地板有实木复合地板和强化复合地板之分。复合地板尽管有防潮底层,仍不宜用于浴室、卫生间等潮湿场所。

复合地板重组了木材的纤维结构,解决了木材的变形问题,克服了普通原木地板在使用过程中随季节变化而发生翘曲变形、干裂湿涨的缺陷。复合木地板的断面结构通常由四层组成。

(1)平衡底层:即树脂板定型平衡层。具有确保外形固定、完美、防潮和阻燃作用。

(2)高密度纤维板层:即木纤维层压强化板。硬度很高,能承受重击及负重,不会出现凹痕、辙痕,并能防腐蚀、防潮、防蛀。

(3)图案层:即彩色印刷层。

(4)保护膜:即透明耐磨层,是密胺树脂的涂覆层,具有较好的耐磨性能,用耗试验机测试,其耐磨损性为原木地板的10～20倍。此外,该表层还具有良好的防滑、阻燃性能。

在选用强化复合地板时,需要注意的是复合地板中所用的胶粘剂以脲醛树脂为主,胶粘剂中残留的甲醛,会向周围环境逐渐释放;人体长期处于这种环境有致癌的危险。因此,消费者在选用复合地板时,建议选择甲醛含量较少的品种,并且在铺装地板后的一段时间内,保持室内通风。

四、地毯

地毯是地面装饰中的高中档材料。地毯不仅隔热、保湿、吸声、吸尘、挡风及弹性好,还具有高贵、典雅、美观的装饰效果,广泛用于宾馆、会议大厅、会议室和家庭地面装饰。

地毯根据图案类型分为:“京式”地毯、美术式地毯、仿古式地毯、彩花式地毯、素凸式地毯;根据材质分为:羊毛地毯、混纺地毯、化纤地毯、塑料地毯、剑麻地毯;根据规格尺寸分类:块状地毯、卷材地毯。

1. 常用地毯的规格和性能

此节仅提供常见国产纯羊毛地毯的介绍。

(1)羊毛满铺地毯、电针绣检地毯、艺术壁挂:有各种规格,以优质羊毛加工而成,地毯可仿制传统手工地毯图案,古色古香。现代图案富有时代气息,艺术壁挂图案粗犷朴实,风格多样,价格仅为手工编织壁挂的1/10～1/5。

(2)90道手工打结地毯、素式羊毛地毯、高道数艺术壁挂:有610 mm×910 mm～3050 mm×4270 mm等各种规格,以优质羊毛加工而成,图案华丽、柔软舒适、牢固耐用。

(3)90道手工结地毯、提花地毯、艺术壁挂:有各种规格,以优质西宁羊毛加工而成,图案有北濂式、美术式、彩色式、互式、东方式及古典式。古典式的图案分青铜、画像、蔓草、花鸟、锦乡五大类。

(4)90 道羊毛地毯、120 道羊毛艺术挂毯:规格为厚度:6～15 mm;宽度:按要求加工;长度:按要求加工。用上等纯羊毛手工编织而成,经化学处理,防潮、防蛀、吸声、图案美观、柔软耐用。

(5)手工栽地毯:有 2140 mm×3660 mm～6100 mm×910 mm 等各种规格。以上等羊毛加工而成,产品有北濂式、美术式、彩色式、素式、敦煌式、仿古式等等,产品手感好,色牢度好,富有弹性。

(6)纯羊毛机织地毯:有 5 种规格,以西宁羊毛加工而成,图案花式多样,产品手感好,脚感好、舒适高雅、防潮、隔声、保暖、吸尘、无静电、弹性好等。

(7)90 道手工打结地毯、140 道精艺地毯、机织满铺羊毛地毯:有幅宽 4m 及其他各种规格,以优质羊毛加工而成。图案花式多样,产品手感好、脚感好、舒适高雅、防潮、吸声保暖、吸尘等。

(8)仿手工羊毛地毯:有各种规格,以优质羊毛加工而成。款式新颖、图案精美、色泽雅致、富丽堂皇、经久耐用。

(9)纯羊毛手工地毯、机织羊毛地毯:有各种规格,以国产优质羊毛和新西兰羊毛加工而成。具有弹性好、抗静电、保暖、吸声、防潮等特点。

2. 地毯的日常保养

无论何种地毯,日常都得注意保养。羊毛地毯以动物纤维为原料,必须保持干燥,防潮、防霉、防蛀,使用一段时间后要放在太阳下晒一晒,用掸子或吸尘器吸去灰尘,切不可往墙上或树杆上甩打,以避免地毯的经纬线断裂而破损。收藏时应放些樟脑丸。化纤地毯虽不怕蛀,但污渍应及时清除。污迹清洗方法见表 1-2。

表 1-2　　地毯污渍去除方法

污渍种类	应急方法	药品去除法
醋、酱油、饮料、番茄酱、巧克力、酒类等	以温水沾面挤干后吸取或用吸水纸吸取	中性洗涤剂泡温水清洗、用酒精擦洗,茶或咖啡可先用甘油涂在污染处,再用温水沾布轻轻叩打,最后用中性洗涤剂清洗
牛奶、冰淇淋、蛋白质类、牛油类	牛奶、冰淇淋可泡温水挤干后擦洗,牛油、蛋白质类则应用干布吸取然后再用温水擦	先用酒精或其他中性洗涤擦洗
鞋油、动植物油、矿物油	用纸或布擦除	先用香蕉水、酒精等溶剂擦除,再用中性洗涤剂。清洗鞋油可先用松节油擦去,再用肥皂水清洗

续表

污渍种类	应急方法	药品去除法
蓝色墨水、墨汁	用吸水纸或干布吸取	先用苯擦洗，再用中性洗涤剂加温水清洗。再用中性洗涤剂清洗
红色墨水、复印液、显影液	用吸水纸或干布吸取	用酒精清洗或用热皂水清洗
专用墨水、油墨等	用吸水纸或干布吸取	先用酒精、香蕉水等溶剂清除，再用中性洗涤剂洗涤

不论清除哪类污迹，都不宜用热水烫，宜用温水清洗，然后放到阴凉处晾干。平时还应注意保养，不要把燃着的烟头丢在地毯上，移动地毯也不要硬扯撕拉。因放置家具而引起地毯上出现凹痕，可用布蘸温水或以蒸汽熨头把倾倒的纤维扶起来即可恢复原状。每日要保持地毯的清洁干燥，最好准备吸尘器。一般家庭用地毯每隔 2～3 天清扫吸尘一次。总之，地毯的清洁要及时。时间一长，除去污渍就更加困难。此外，使用地毯务必防潮。擦过的地板，需等干透了再铺地毯，清洗时尽量避免过湿。

第三节 罩面板材料

装饰饰面板材除前面介绍的木质板材外，还有石膏板系列产品：矿棉板、硅板、各种吸声板、防火板等。

一、石膏板系列装饰板材

石膏作为一种传统材料，至今仍具有强大的市场，主要是因为它具有如下特点：能耗低，石膏制品生产周期短，保温隔热性能好，良好的吸声功能以及良好的防火功能，便于加工等特点。常用的石膏板材分类如下。

1. 纸面石膏板

纸面石膏板具有轻质，保温隔热性能好、防火性能好，便于加工、安装等特点。通常用于室内隔墙和吊顶等处。纸面石膏板按性能分为普通纸面石膏板(代号 P)，耐水纸面石膏板(代号 S)和耐火纸面石膏板(代号 H)三类。按棱边形状又可分为四种，见图 1-4。

纸面石膏板的规格尺寸有如下规定：长度为 1800、2100、2400、2700、3000、3300、3600 mm，宽度为 900、1200 mm，厚度为 9.5、12、15、18、21、25 mm，也可根据具体情况而定。

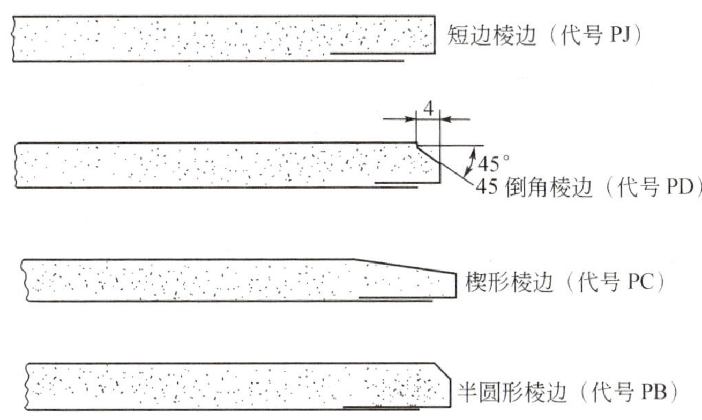

图 1-4 纸面石膏板分类

2. 石膏纤维板

石膏纤维板(又称 GF 板或无纸石膏板)是一种以建筑石膏粉为主要原料，以各种纤维(主要是纸纤维)为增强材料的一种新型建筑石膏板材。有时在其中心层加入矿棉、膨胀珍珠岩等保温隔热材料，可加工成三层或多层板。

石膏纤维板是继纸面石膏板之后开发出的新型石膏制品，具有很高的抗冲击性能力，内部黏结牢固，抗压痕能力强，在防火、防潮等方面具有更好的性能，其保温隔热性能也优于纸面石膏板。石膏纤维板的规格尺寸有三类：其中大幅尺寸供预制厂用，如 2500 mm×(6000～7500) mm；标准尺寸供一般建筑用，如 1250 mm×1250 mm(或 1200 mm×1200 mm)；小幅尺寸供销售市场及特殊用途，如 1000 mm×1500 mm。同时还能按用户要求生产其他规格尺寸。

石膏纤维板从板型上分为均质板、三层标准板、轻质板及结构板、覆层板及特殊要求的板等。从应用方面来看，可用作墙板、墙衬、隔墙板、预制板外包覆层、天花板、地板防火及立柱、护墙板等。

3. 装饰石膏板

以下主要介绍装饰石膏板，嵌装式装饰石膏板，吸声用穿孔石膏板。

(1)装饰石膏板。

装饰石膏板包括平板、孔板、浮雕板、防潮板(括防潮平板、孔板、浮雕板)等品种。其中，平板、孔板和浮雕板是根据板面形状命名的。孔板除具有较好的装饰效果外，还具有一定的吸声效果。装饰石膏板的规格尺寸有：500 mm×500 mm×9 mm；600 mm×600 mm×11 mm，形状为正方形，其棱边断面形式有直角形和倒角形两种。

(2)嵌装式装饰石膏板。

嵌装式装饰石膏板四边加厚，并带有嵌装企口。板材正面可以为平面、带孔或带浮雕图案。代号为 QZ。

嵌装式装饰石膏板，适宜于宾馆、酒店、写字楼、影剧院、商场等公共建筑的吊顶装饰。主要规格：600×600 mm，边厚大于 28 mm；500×500 mm，边厚大于 25 mm；

其形状嵌装式装饰石膏板为正方形，其棱边断面形式有直角形和倒角形。产品标记顺序为：产品名称、代号、边长和标准号。例如边长为 600 mm×600 mm的嵌装式装饰石膏板，则标记为：嵌装式装饰石膏板 QZ600GB9778。

(3)吸声用穿孔石膏板。

吸声用穿孔石膏板主要用于室内吊顶和墙体的吸声结构中。具有轻质、防火、隔声、隔热，抗震性能好，调节室内湿度等特点，同时施工简便、效率高，劳动强度小，干法作业及加工性能好。在潮湿环境中使用或对耐火性能有较高要求时，则应采用相应的防潮、耐水或耐火基板。吸声用穿孔石膏板根据棱边形状有直角型和倒角型两种。规格尺寸：边长为 500 mm×500 mm，600 mm×600 mm，厚度为 9 mm 和 12 mm。

二、矿棉装饰吸声板

矿棉装饰吸声板具有轻质、吸声、防火、保温、隔热、装饰效果好等优异性能，适用于宾馆、会议大厅、写字楼、机场候机大厅、影剧院等公共建筑吊顶装饰。矿棉装饰吸声板品种通常有滚花、浮雕、主体、印刷、自然型、米格型等多个品种，规格有正方形和长方形，尺寸有 300 mm×300 mm、500 mm×500 mm、600 mm×600 mm、300 mm×600 mm、600 mm×1200 mm 等。

三、玻璃棉装饰吸声板

玻璃棉装饰吸声是以玻璃棉为主要原料，加入适量胶粘剂、防潮剂、防腐剂等，经加压、烘干、表面加工等工序而制成的吊顶装饰板材。表面处理通常采用贴附具有图案花纹的 PVC 薄膜、铝箔，由于薄膜或铝箔具有大量开口孔隙，因而具有良好的吸声效果。产品具有轻质、吸声、防火、隔热、保温、装饰美观、施工方便等特点，适用于宾馆、大厅、影剧院、音乐厅、体育馆、会场、船舶及住宅的室内吊顶。

四、防火装饰板

许多装饰材料除具有本质功能外，还具有防火功能。为适应现代的建筑防火要求，陆续开发了一些防火性能优异的装饰棉线木材，如 SJBZ 无机防火天花板，天然平板(埃特板)，硅钙板等。

第四节　装饰线条类材料

装饰线条类材料是现代装饰工程上不可缺少的装饰材料。它包括木线条和其他材质线条。

木线品种较多。从材质上分有：硬杂木线条、进口杂木线条、白木线条、白圆木线条、水曲柳木线条、红榉木线条、山樟木线条、核桃木线条、柚木线条等。从功能上分有：压边线条、柱角线条、衬角线条、墙面线条、墙腰线条、上楣线条、覆盖线条、封边线条、镜框线条等。从外形上分有：半圆线条、直角线条、斜角线条、指甲线条等。从款式上分有：外凸式、凸凹结合式、嵌槽式等。

木线条材质选用质硬、结构较细、材质较好的木材。在室内装饰工程中，木线条主要起着固定、连接、加强装饰面的作用。主要体现在以下方面。

一、吊顶线

吊顶上不同层面的交接处的封边，吊顶上各不同材料面的对接处封口，吊顶平面上的选型线，吊顶上设备的封边等。

二、吊顶角线

吊顶与墙面，吊顶与柱面交接处封边。

三、墙线

木线条具有表面光滑，加工精细，棱边、棱角、弧面弧线挺直，轮廓分明，耐磨、耐腐性，不易变形，上色性好、黏结性好等特点，因而在室内装饰工程上应用十分广泛。

第五节　胶　　料

一、胶粘剂的组成与分类

胶粘剂一般多为有机合成材料，主要由黏结料、固化剂、增塑剂、稀释剂及填充剂（填料）等原料配制而成。有时为了改善胶粘剂的某种性能，还需要加入一些改性材料。对于某一种胶粘剂而言，不一定完全含有这些组分，同样也不限于这几种成分，而取决于其性能和用途。胶粘剂的分类如下。

(1)有机类。

1)合成类。

热固性树脂胶粘剂：环氧、酚醛、脲醛、有机硅等。

热塑性树脂胶粘剂：聚醋酸乙烯酯、乙烯、醋酸乙烯酯等。

橡胶型胶粘剂：氯丁橡胶、硅橡胶等。

混合型胶粘剂：酚醛、环氧、丁腈、尼龙等。

2)天然类。

天然树脂类：松香、虫胶、大漆等。

蛋白质类：植物蛋白、骨胶、鱼胶等。

葡萄糖类：淀粉、阿拉伯树胶等。

(2)无机类。

硅酸盐类：各种硅酸盐胶凝材料。

铝酸盐类：各种铝酸盐胶凝材料。

磷酸盐类：各种磷酸盐胶凝材料。

硼酸盐类：各种硼酸盐胶凝材料。

二、常用的胶粘剂特性

1. 环氧树脂

环氧树脂这种胶粘脂具有粘合力强的特征。它能黏结几乎所有的木质、竹质、塑料、金属和混凝土等材料，素有“万能胶”之称。其一般的剪切强度可达20～30 MPa。

同时，环氧树脂可配成不同黏度，稀的如水一般，稠的可如膏状物，还可制成胶棒、胶膜和胶粉，使用很方便。固化后的环氧树脂机械强度高、耐介质、耐老化，可进行机械加工。

2. 丙烯酸酯结构胶

丙烯酸酯结构胶在使用上与环氧树脂类的固化方式不同，但反应快，可制成快速固化的结构胶，有时可快至几分钟到十几分钟，使用起来很方便。其黏结强度可与环氧树脂类型胶相接近，固化受温度的影响较少，可以在较低温度下进行固化，并获得较好的黏结强度。但耐介质与耐老化较环氧树脂类较差，价格却又要略高一些，因而大面积使用不合算。

3. 聚氨酯胶粘剂

聚氨酯胶粘剂是用于装饰材料中最好的一种，其主要特点如下：

(1)性能好，对基材的黏结力高，自身的机械性能好，耐磨性好，且耐水、耐油和绝缘；

(2)弹性好，铺装的地面行走特别舒适；

(3)胶粘容易，可刮涂胶粘，可浇注胶粘，固化速度可调整变动；

(4)具有很好的防水、防潮功能，价格适中，用途广泛，除室内大厅、房间使用外，还多用于幼儿园、游乐场、宾馆走廊，还有人造草坪也有用此种类材料制作完成的。

三、胶粘剂用途

胶粘剂的用途是很广泛的，其主要用途是起到胶粘作用，同时，也有固定、防漏、防腐保护、防火耐高温和绝缘等用途。在选择胶粘剂时，一定要特别注意到各类胶粘剂的特殊用途，能使其在木装修装饰施工中更具有特色和保证良好的使用质量。

(1)胶粘剂具有加固作用。在木装修装饰工程中，对一些构件的承载能力、缺陷和防震等方面存在着不足时，可以用胶粘剂进行加固、黏结；也可作为一般装修的胶粘剂使用，如吊顶时承受较大拉力吊杆的黏结等。

(2)胶粘剂具有防腐作用。在装修装饰工程中，如用环氧树脂配制的结构胶，无论是对水、有机溶剂、油类、酸气与碱液等均有很好的抗腐蚀能力，针对有的地方腐蚀严重的情况，对一些结构梁、房屋架和家具等涂上这些防腐胶，就能够起到很好的防腐作用。

(3)胶粘剂具有防漏的作用。在装修装饰中，遇到一些大面积的墙面、地面的渗漏，影响到装修装饰工程的工作质量，那么，则可以在整个面积上涂敷一层胶粘剂就可以解决这一类问题。

当遇到局部的严重渗漏时，则可以按照一般先疏导后堵漏的方法将渗漏堵住，因有的胶粘剂对混凝土、石材等也具有良好的粘合力，就可以解决这一类渗漏的难题。

(4)胶粘剂具有耐高温作用。有机硅胶粘剂主要用于耐高温条件下。

(5)胶粘剂具有耐低温作用。目前用低温下的胶粘剂，主要有以下几种。

1)不饱和聚酯类胶粘剂。这类胶粘剂用于黏结各种装修装饰材料中的用胶及锚固的不饱和聚酯类用胶及各类维修等。

2)特种低温可固化的环氧树脂胶。这类胶主要是用于水利水电设施用胶、加固用胶、灌缝用黏结材料以及设备维修用胶等。

3)丙烯酸酯类胶，可用于一般小件修理和黏结，也有可低温快固化的锚固胶等。如环氧树脂胶，丙烯酸酯类锚固胶等。

这些胶类，其活性较大，在低温下使用，主要是本身能进行化学反应，而且其反应机能上不会依赖于环境温度，在－10℃温度以下进行黏结施工，其固化时间也不会很长，能保证正常情况下的使用。

(6)胶粘剂具有水中作业的作用。具有不怕水的胶粘剂，有的是在组分中加入高吸湿填料，这些填料遇水后，可吸收被粘物表面的水分子，而胶粘剂的固化却又不受水的影响，还有的组分则会遇水反应，使水成为其组分中的一部分而参与反应。因而，使不少胶种可以在水中或潮湿面上进行固化，仍能发挥粘胶的作用。如酮亚胺环氧树脂、701、702、703 和 810 等固化式胶粘剂。

(7)胶粘剂具有防火的作用。防火作用的胶粘剂，市场上有防火玻璃用胶和防火板材用胶两类。防火板材用胶粘剂，因无特别的要求，常用其他胶种来代用，而防火玻璃用胶有透明、防热和防火等特殊作用，因而是一种专用胶种。

四、胶粘剂选用方法

胶粘剂选用方法，见表 1-3。

表 1-3　　按相粘材质选用胶粘剂

项　目	酚醛	酚醛缩醛	酚醛聚酰胺	酚醛氯丁橡胶	酚醛丁腈橡胶	环氧树脂	环氧聚酰胺	过氯乙烯	聚酯树脂	聚氨酯	聚酰胺	聚酯酸乙烯酯	聚乙烯醇	聚丙烯酸酯	天然橡胶	丁苯橡胶	氯丁橡胶	丁腈橡胶
木材—木材	√				√	√				√		√						
木材—皮革												√				√	√	√
木材—织物										√						√	√	
木材—纸													√			√		
尼龙—木材					√	√	√				√							
ABS—木材				√	√													
玻璃钢—木材					√	√												
PVC—木材					√													
橡胶—木材		√		√	√					√					√	√		
玻璃陶瓷—木材		√		√	√	√				√		√			√	√		
金属—木材	√	√		√	√	√				√		√				√		

第二章　常用木工机具设备

第一节　手工工具

一、量具

1. 量具的分类和用途

木工常用量具见表 2-1。

表 2-1　　木工常用量具

名称	其他名称		简图	用途及说明
钢卷尺	钢皮卷尺	大钢卷尺		一般用以测量较长构件或距离，其准确程度比布卷尺（皮尺）高，大钢卷尺的规格有长度为 5、10、1 5、20、30、50m，计六种
		小钢卷尺		由薄钢片制成，装置于钢制或塑料制成的小圆盒中，方便携带，系常用量具。有 1、2m 两种
钢直尺	金属直尺			由不锈钢片制成，它的规格长度有 150、300、500、1000 mm 四种，常用的为 150、300 mm。精度较高，适用机械操作木工校对和复核部件尺寸
	钢皮尺			
布卷尺	皮尺			用于测量较长距离的尺寸，在木材长度及原材等木料选用和一般量度中经常使用，它有 5、10、15、20、30、50m 六种。较多采用的为 15、20、30m
	皮卷尺			
木折尺	木尺	四折木尺		木折尺系用质地较好的薄木板制成，因其可以折叠，携带方便，价廉适用，为木工常用量具。它的规格：四折木折尺长 50cm，六折及八折的均为 1m 长度 使用木折尺时，须注意拉直，并贴平物面
		八折木尺		

续表

名称	其他名称	简图	用途及说明
角尺	曲尺	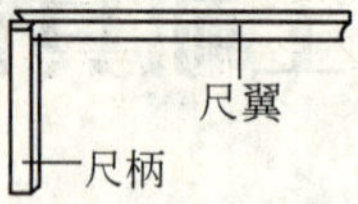 尺翼 尺柄	有木制、钢制二种，一般尺柄长 15～20cm，尺翼长 20～40cm，柄、翼互成垂直角，用于画垂直线、平行线及检查平整正直
	拐尺		
三角尺	斜尺	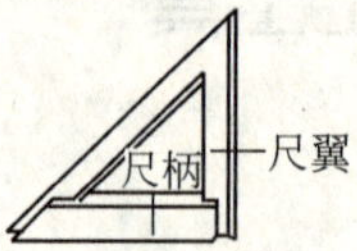 尺翼 尺柄	尺的长宽均为 15～20cm，尺翼与尺柄的交角为 90°，其余两角为 45°，系用不易变形的木料制成。尺翼与尺柄用榫接合，加胶连接坚固。使用时使尺柄贴紧物面边棱，可画出 45°及垂线
	搭尺		
活络三角尺	活络尺	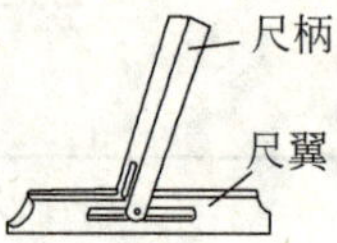 尺柄 尺翼	可任意调整角度，用于画线。尺翼长一般为 30cm，中开有长孔，尺柄端部亦开有槽口，以螺栓与尺翼连接。使用时，先调整好角度，再将尺柄贴紧物面边棱，沿尺翼画出所需角度的斜线
	板尺		
	活动曲尺		
水平尺	木水平尺		尺的中部及端部各装有水准管，当水准管内气泡居中时，即成水平。用于检验物面的水平或垂直。使用时为防止误差，可在平面上将水平尺旋转 180°，复核气泡是否居中
	钢水平尺		
丈杆	木杆尺	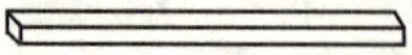	丈杆长约 3～5m，是一种自制的划有尺度的木杆尺，是专为丈量用的简易工具，为木工所常用
	卡木尺		
线锤	锤球		用金属制成的正圆锥体，在其上端中央设有带孔螺栓盖，可系一根细绳。用以校验物面是否垂直，使用时手持绳的上端，锤尖向下自由下垂，视线随绳线，倘绳线与物面上下距离一致，即表示物面为垂直
	线坠		
量角器	分度器	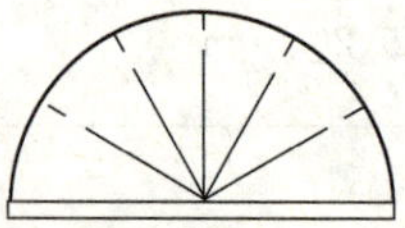	用以直接测量、检验和等分部件上的各种角度；并可与活络三角尺配合使用于测画部件，通常用透明胶制成，较大的则用五夹板制成
	分角器		
圆规	两脚规	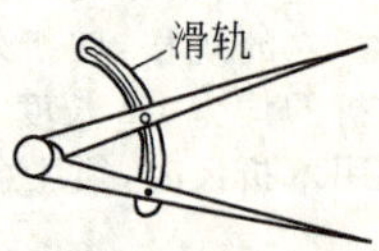 滑轨	由金属制成，用以画线和量取尺寸。可根据圆半径的大小，在量好尺寸后画出圆弧或全圆，尺寸的大小由圆规两脚张开的大小(即半径尺寸)决定；也可在检验部件时，从实际尺寸校核其圆弧及全圆尺寸是否符合要求；此外，还可利用几何原理用于放样

2. 常用的几种量具的使用方法

几种量具的使用方法见表 2-2。

表 2-2　　几种量具的使用方法

量具名称	作业内容	使用方法示意图	说明
角尺的使用方法	画垂直线	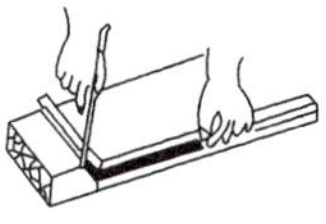	左手握住角尺的尺翼中部，使尺翼的内边紧贴木料的直边，右手执笔，沿角的边线（尺柄外边）画线，即为与直边相垂直的线
	画平行线	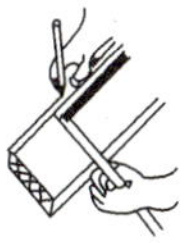	左手握住角尺的尺翼，使中指卡在所需要的尺寸上，并抵住木料的直边，右手执笔，使笔尖紧贴角尺外角部，同时用无名指和小指托住短尺边，两手同时用力向后拉画，即画出与木料直边相平行的直线
			如用角尺的尺度画平行线，可用左手握住角尺的尺翼，使拇指尖卡在所需要的尺寸上，并抓住木料的直边，右手执笔，笔尖紧贴角尺外角部，两手同时用力向后拉画即成
	卜方检查垂直面	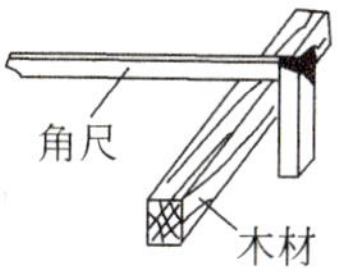 角尺 木材	在刨削过程中，检查相邻面是否直角时，可用角尺内角卡在木料角上来回移动进行检验，如角尺内边均与木料两面紧贴，即表示相邻面构成直角
	检查表面平直		可用手捏住角尺的尺翼，将角尺立置于木料面上所要检查的部位，如尺边与木料表面紧贴，并无凹凸缝隙，即知表面已平直
角尺本身正确性校验	垂线重叠法校验	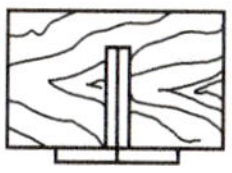 (a) 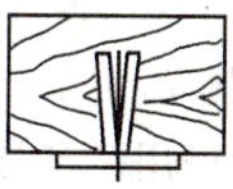 (b)	角尺的尺翼与尺柄应成直角。为检验角尺本身的正确性，可进行垂线重叠法检查，检查时将尺柄紧贴在一块平直的板边，沿尺身在板上画一垂直线，再将尺柄翻身，调换相对方向，仍在同一点画线，两垂线重叠，表示准确，如图(a)；否则，如图(b)不合标准

续表

量具名称	作业内容	使用方法示意图	说明
活动角尺的使用方法	斜面检验		使用时先将螺栓松动,调整到所需角度,拧紧螺栓,用于校验斜面是否符合要求,图示为六角形体检查方法示例
	画斜向于板边平行线		当画斜向于板边平行线,或截成斜向板端具有一定角度的斜度,可调整活络三角尺符合所要求角度进行画线
圆规放样的使用方法(几何作图法)	分AB线段垂直二等	C A B D	分别以 A 及 B 为圆心,以大于 $1/2AB$ 长为半径,画圆弧得交点 C 及 D;连接 C 和 D,则 CD 线即为 AB 线的垂直二等分线

二、画线工具

1. 常用的画线工具及使用方法

木工常用画线工具见表 2-3。

表 2-3　木工常用画线工具

名称	其他名称	简图	用途及说明
画线笔	竹笔墨衬		系用韧性较好的竹片制成,长 200 mm 左右,笔端宽约 10～15 mm,用薄凿将笔端削扁成斜刀形状(削薄竹肉,竹青一面保持平直),并剖成多条细丝,要求 1 mm 内剖开 3 条,用以蘸墨画线。目前亦有用木工铅笔代用
勒线器	线勒子	勒子档 小刀片 勒子杆 活楔	由勒子档、勒子杆、活楔和小刀片等部分组成。勒子档多用硬木制成,中凿孔以穿勒子杆,杆的一端安装小刀片,杆侧用活楔与勒子档楔紧

续表

名称	其他名称	简图	用途及说明
墨斗	画线墨斗		由圆筒、摇把、线轮和定针等组成。圆筒内装有饱含墨汁的丝棉或棉花，筒身上留有对穿线孔，线轮上绕有线绳，一端拴住定针
	墨斗弹线		弹线时，将定针固定在画线的木板一端，另一端用手指压住，然后拉弹线绳，因线绳饱含墨汁，线绳拉弹放下，即留有弹线墨线条
托线器	墨株		拖线器，又称墨株。由竹片或木板制成，开有各种距离的三角槽口，中间用档块来控制画线尺寸 如图所示，系利用拖线器的三角槽口，配合画线笔，用以拖画直线

2. 画线方法及注意事项

(1)画线方法。圆木制作方木时，先在圆木小头截面中央用线锤吊测，画出中心线，然后二等分。过其中心点，用角尺画出水平线，在水平线上量出方木宽度，左右各半。再用线锤吊看，画出方木宽度边线。在中心线上量出方木高度，上下各半，再用角尺画出方木高度边线。用同样尺寸，在大头一端划出四条边线，注意不要移动圆木，以免两端边线扭曲。大小头端面画线确定后，连接相应的方木棱角点，用墨斗弹出纵长墨线，然后按线锯掉四边边皮即是方木(图 2-1)。

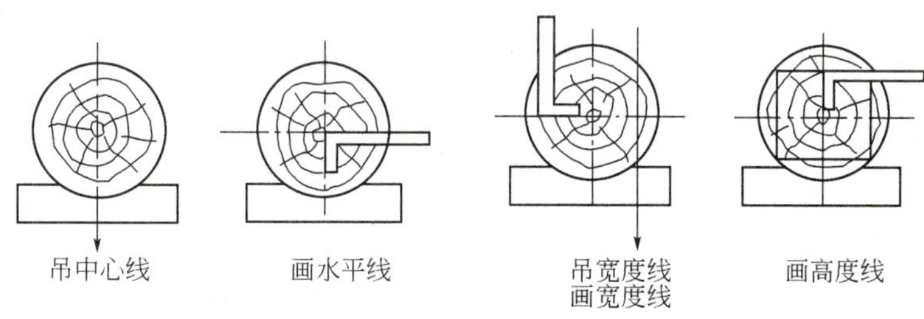

图 2-1 圆木画方木

圆木制作板材时，要用较平直的圆木，在端截面上用线锤吊出中心线后，用角尺画出水平线。在水平线上按所需板材厚度与锯口宽度尺寸之和，由截面中心向两边画平行线，再连接相应的板材棱角点，用墨斗弹出纵长锯口墨线(图 2-2)。

(2)“长木匠、短铁匠”：所谓“长木匠”，就是指木工在画线时，要留一定的加工余量。

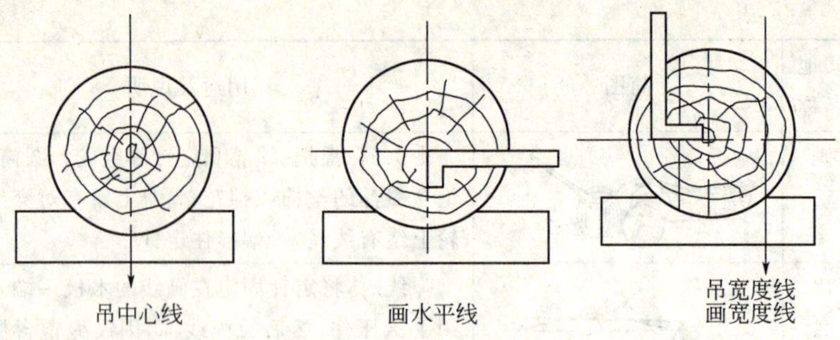

图 2-2 圆木画板材

单面刨光：厚度增加 3 mm；

双面刨光：厚度增加 5 mm；

门、窗框上、下槛：先立口的每端增加 115 mm，后塞口的每端增加 25 mm；

门、窗框中槛、窗梃：要比实际长度增加 5～10 mm；

门框：一般要比实际长度增加 50 mm；

门、窗扇的边梃：要比实际长度净高增加 40 mm；

门、窗扇的上、下冒头及棂子：要比实际长度增加 5～10 mm。

(3)“画墨线，选好面，方正无疵是看面”：就是画线时要先将木料挑选一下，将没有疵病的用于正面(或者叫“看面”)，把有缺陷的部分放到背面或看不见的地方。

(4)“线绳要绷紧，墨汁吃均匀，两指垂直提，墨线显又直”：就是弹墨线时，线一定要绷紧，线上的墨汁要蘸得均匀。关键是用手指提线时，一定要与弹线的木材面垂直，否则弹出的墨线就会有弧度。

(5)“铅笔要削尖，尺寸要掐准”：画线工具宜细不能粗，这样精度较高。线的宽度一般不超过 0.3 mm，并且要均匀、清晰。所有尺寸一定要量准确，这样拼装后才能符合设计图纸的要求。

三、锯割工具

1. 锯的种类和用途

木工锯有框锯、刀锯、手锯、侧锯、钢丝锯、横锯、板锯等多种。较常用的有框锯和刀锯两种。

(1)框锯：也称拐子锯，由锯拐、锯梁和锯条、锯绳(钢串杆)、锯标组成。锯拐一端装麻绳，用锯标绞紧(装钢串杆，用蝴蝶螺母旋紧)，如图 2-3 所示。框锯又分为截锯、顺锯和穴锯。

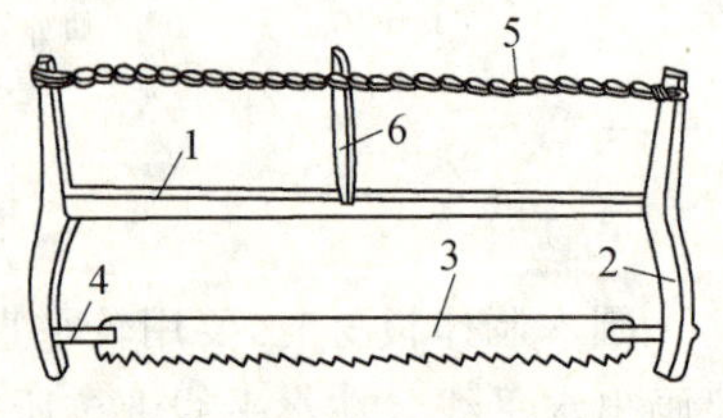

图 2-3 框锯

1—锯梁；2—锯拐；3—锯条；4—锯钮；5—锯绳；6—锯标

1)截锯:也称横向锯,用于垂直木纹方向的锯割。锯条尺寸略短,齿较密。锯齿刃为刀刃型。前刃角度小,锯齿应拨成左、右料路。

2)顺锯:也称纵向锯,用于顺木纹纵向锯割。锯条较宽,便于直线导向,锯路不易跑弯。锯齿前刃角度较大,拨齿为左、中、右、中料路。

3)穴锯:也称曲线锯,适用于锯割内外曲线或弧线工件。锯条长度为600 mm左右。锯条较窄,料度较大,前刃角介于截锯和顺锯中间,拨齿为左、中、右。

框锯操作方法:首先把锯条方向调整好,使整个锯条调到一个平面上,然后绷紧锯绳(钢串杆)即可。

(2)刀锯:有双刃刀锯、夹背刀锯、鱼头刀锯等。刀锯由锯片、锯把组成,如图2-4所示。刀锯携带方便,适用于框锯使用不便的地方使用。

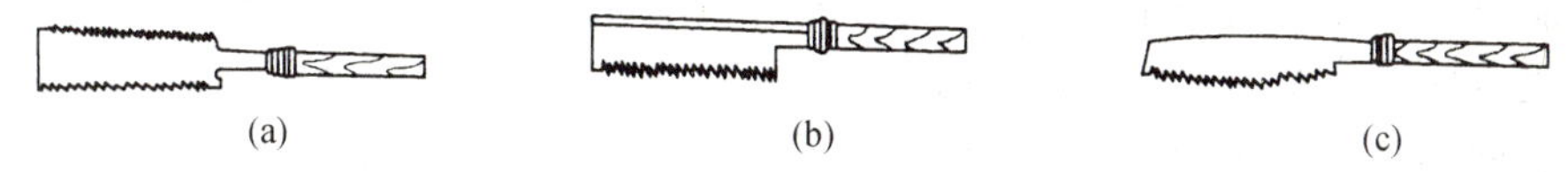

图 2-4 刀锯

(a)双刃刀锯;(b)夹背刀锯;(c)鱼头刀锯

(3)钢丝锯和侧锯的构造:如图2-5所示,钢丝锯为锯割半径较小的圆弧等所用;侧锯为刹肩等细部所用。

图 2-5 钢丝锯和侧锯

(a)钢丝锯;(b)侧锯

2.锯的使用方法

(1)锯割时,把木料放在工作台上,用脚踏牢。下锯时,右手紧握锯拐,锯齿向下,左手大拇指靠住线的端头处,右手把锯齿挨住左手大拇指,轻轻推拉几下(预防跳锯伤手)。当木料棱角处出现锯口后,左手离开,可加大锯割速度。可两手握锯也可右手握锯、左手扶料进行锯割。

(2)锯割时,推锯用力要重,锯回拉时用力要轻;锯路沿墨线走,不要跑偏;锯割速度要均匀、有节奏;尽量加大推拉距离,锯的上部向后倾斜,使锯条与料面的夹角大约呈70°。

(3)当锯到料的末端时,要放慢锯速,并用左手拿住要锯掉的部分,以防木料撕裂,或将木料调头锯割。

(4)横截木料时,左脚踏木料,身体与木料呈 90°角。顺截木料时,用右脚踏木料,身体与木料呈 60°角。

3.锯的维修和保养

木工锯的锯割,是靠锯齿把木料锯成某种形状的。新锯条没有料路,若不预先拨好料路就直接使用,就会夹锯。所以,必须根据需要拨好料路,锯齿锉磨锋利才能使用。锯齿的功能主要取决于其料路、料度和斜度。纵向顺锯与横截锯所锯木料不同,因而锯的料路、料度、斜度也有区别。

(1)料路:又称锯路,是指锯齿向两侧倾斜的方式。料路分为二料路和三料路两种,如图 2-6 所示,三料路又分为左中右三料路和左中右中三料路。左中右三料路锯齿排列是一个向左、一个居中、一个向右相间排列,一般纵向顺锯均采用这种料路。左中右中三料路的锯齿是一个向左、一个中立、一个向右、一个中立相间排列,一般顺锯锯割潮湿木料或硬木料时采用这种料路。

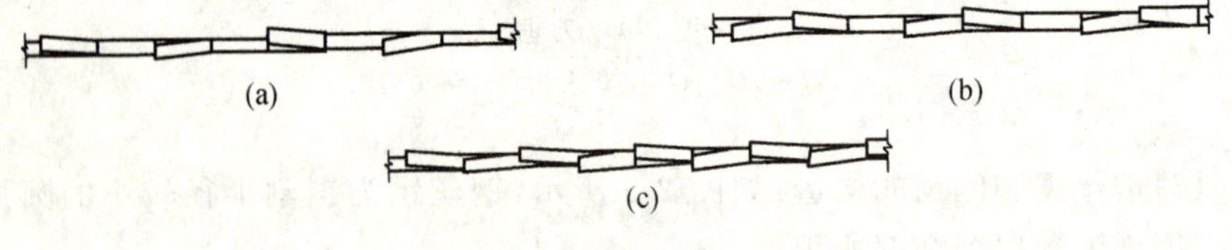

图 2-6 料路

(a)三料路(左、中、右、中);(b)三料路(左、中、右);(c)二料路(左、右)

二料路又称人字料路,其锯齿排列是一个向左、一个向右相间排列,横锯均采用这种料路。没有料路的锯条容易夹锯,不能使用。

(2)料度:又称路度,指锯齿尖向两侧的倾斜程度,如图 2-7 所示。

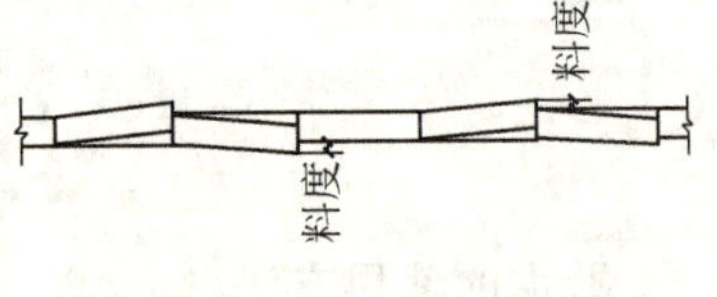

图 2-7 锯齿的料度

料度是使用中能使锯条与木料形成间隙,减少锯条的摩擦,既省力又便于木屑排出。一般横截锯的料度为锯条厚度的 1～1.2 倍;顺锯锯条的料度在锯料时应适当加大,有利于进行弯曲锯割。若锯割湿料,也应加大料度。料度在使用时会因锯条与木料摩擦发热而减小,所以必须经常修整锯条。

(3)斜度:锯齿呈楔形状,前刃短、后刃长,前刃与锯条长度方向的夹角称斜度,如图 2-8 所示。斜度应根据锯的用途而定,一般顺斜度为 80°,前刃与后刃之间夹角为 55°,横锯的斜度为 90°,前刃与后刃之间夹角为 60°。若锯割潮湿木料,则横向锯齿锉成刀刃形状比较好用。

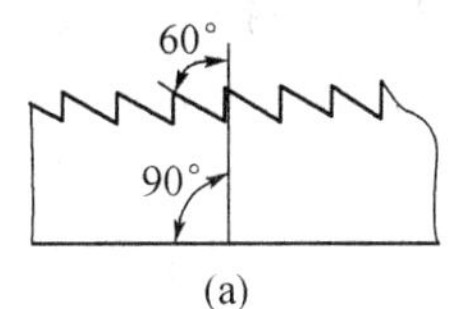

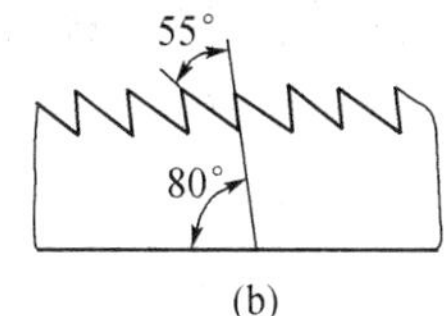

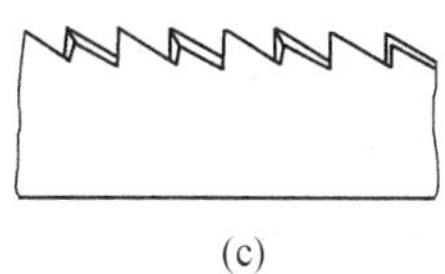

图 2-8 锯齿的斜度

(a)刀横向锯齿；(b)纵向锯齿；(c)刀刃齿

4.锯的维修保养

木工锯在使用中，若锯齿不锋利，就会感到进锯慢而又费力，表明需要锉伐锯齿；若感到夹锯，则表明锯的料度因受摩擦而减小；若总是向一侧跑锯，表明料度不均，应进行拨料修理。修理锯齿时，应先拨料，然后再锉锯齿。

(1)拨料：料路是用拨料器进行调整的，如图 2-9 所示。

拨料时，将拨料器的槽口卡住锯齿，用力向左或向右拨开，拨开程度要符合料度要求。

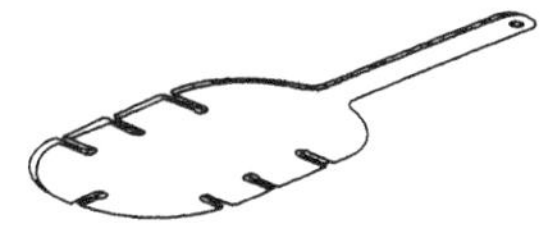

图 2-9 拨料器

(2)锉伐：锉伐锯齿时，把锯条卡在木桩顶上或三脚凳端部预先锯好的锯缝内，使锯齿露出。根据锯齿大小，用 100～200 mm 长的三角钢锉或刀锉，从右向左逐齿锉伐。锉锯时，两手用力要均匀，锉的一面要垂直地紧贴邻齿的后面。向前推时要使锉用力磨齿，锉出钢屑，回拉时只轻轻拖过，轻抬锉面，如图 2-10 所示。常用的钢锉有三种：平锉、刀锉和三棱锉。

锉伐刀锯时，要先钉一个锯夹。锯夹由两块木板，一块固定夹木，一块活动夹木组成。使用时将活动夹木取出，使锯夹上口张开，把锯板嵌入锯夹内，露出锯齿，再用活动夹板在锯夹下端楔紧固定，如图 2-11 所示。

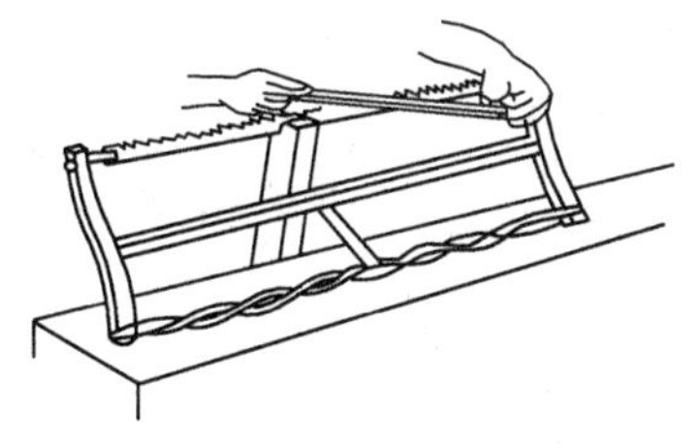

图 2-10 伐锯姿势

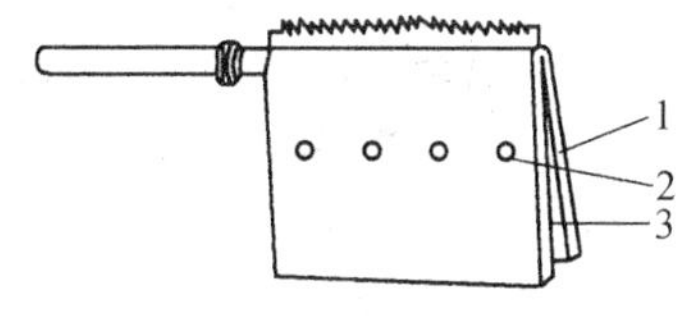

图 2-11 锯夹

1—固定夹木；2—螺栓；3—活动夹木

伐锯分描尖和掏膛两种。描尖是把磨钝的锯齿尖端锉削锋利。掏膛是在锯齿被磨短而影响排屑时才需要。掏膛是用刀锉的边棱按锯齿的长度，使两锯齿之间锯槽加深。

锉锯的操作方法：把锯身固定在锯夹或三脚马凳上，用右手握住锉把，左手拇、食指和中指捏住锉的前端，适当加压力向前推锉，以锉出钢屑为宜，回锉时不加压力，轻抬而过即可。对锉伐后的锯齿要求是：锯齿尖高低要一致，在同一直线上，不得有参差不齐现象；锯齿的大小相等，间距均匀一致；锯齿的角度要正确，符合齿形状的要求。每个锯齿都应有棱有角，刃尖锋利。

四、刨削工具

1. 刨的种类和用途

刨的种类和用途见表 2-4

表 2-4 刨的种类和用途

类别	简图	名称	特征	用途
平面刨	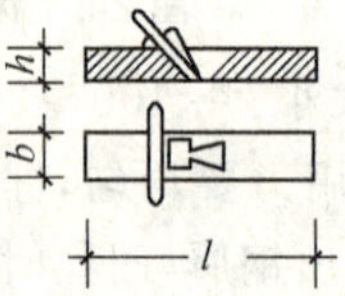 h b l	粗刨（荒刨）	刨刃锋露出较大，刨削面不够光洁	刨去木料上的锯纹、毛茬和个别突出部分，使之大致平整
		中刨	锋刃露出较小，刨屑较薄	将木料刨到需要的尺寸，并使其表面达到基本光洁
		细刨（净面刨）	锋刃露出极小，刨屑极薄	在细木制作中，工作物组合后用来净面，使之达到非常光洁的程度
		大刨（合缝刨）	锋刃露出极小，刨屑极薄	用于木材加宽的对缝面刨削，能使刨刮面达到极平直程度
		拉刨（粗、中刨）	刨台薄，刃宽，不装把，操作时往后拉	适于刨刮松木、椴木等软木
圆刨及线刨	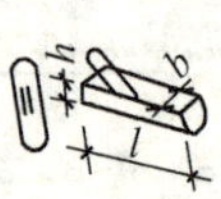 h b l	外圆刨	一般刨刃宽 25～30 mm，刨刃平面为 U 形	适于刨凹形的线条，如桌、柜挑檐压边条等
	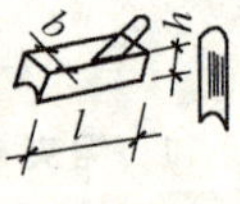 b h l	内圆刨	一般刨刃宽 25～30 mm，刨刃平面圆弧形	适于刨削凸形的线条
	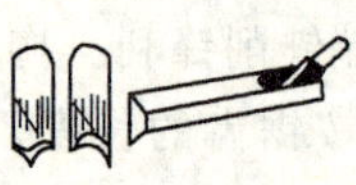	线刨	刨底和刨刃，按需要加工的线条形状磨制成相应形状	用于家具、门窗等镶边装饰线条的加工 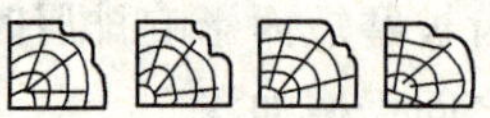

续表

类别	简图	名称	特征	用途
槽刨		槽刨	刨刃宽度一般为3～10 mm,刨刃较厚,由刨身和刨挡两部分组成,可随意调整沟槽位置	是用在木料上刨削沟槽的工具,可刨沟槽的宽度一般为3～10 mm,深10～15 mm
槽刨		正刃单线刨	刃宽21～26 mm,刨刃正放在刨床中,由侧面出刨屑	在细木制作中,用作刨削较宽的沟槽、裁口和起线的工具
		斜刃单线刨	刃宽21～26 mm,刨刃斜14°～18°斜放在刨床中	用途同上,且能防止材料戗槎
		搜根刨	刨刃直立于刨床中,刃锋从侧面露出,刀形上宽下窄	用以修理槽内两侧不平、不直之处,或协助单线刨或槽刨,加宽沟槽宽度
裁口刨		裁口刨（歪嘴刨）	形如拉刨,但在平面上刨刃与刨床呈18°～22°的倾角,斜着放置,刨刃也磨成斜形,刃尖从一侧面伸出刨床1 mm左右,刃厚8 mm	适用于刨削木构件的裁口,如木门窗裁口等
滚刨		滚刨（铁柄刨）	刨刃宽15～36 mm,用蝶形螺栓拧固在刨台上,刨台用铁制成	刨削弯曲工作面的工具
曲面刨		弯刨	刨底制成弧形	用以刨削弯曲形物件
		舔心刨	刨底纵横向均制成弧度,刃锋也磨成相应弧形	专门用于刨削平面上有凹窝的物件

2. 几种常见刨的使用方法

(1)平刨。

平刨用于刨削木料的平面,使木料平直。使用前,调整刨刀。安装刨刃时,要使刨刃刃口露出刨口槽,刃口一般露出0.1～0.5 mm。

推刨前，选择比较洁净、纹理清楚的里材面为正面。刨削时，先刨里材面，再刨其他面。要顺纹刨削，既省力又使刨削面平整光滑。

推刨时，用两手的中指、无名指和小指握紧刨柄，食指压紧刨的前身，大拇指推住刨身的后面，用力要平稳，而且两脚必须站稳，左脚在前，右脚在后，上身略微前倾，使刨身平稳地向前推进。

刨削时，刨底应始终贴紧木料面。开始时刨头不要翘起，刨到前端时刨头不要低下(图 2-12)。

图 2-12　推刨姿势

(2)槽刨。

槽刨专用于刨削凹槽。使用前，先调整刨刃的露出量及挡板与刨刃的位置，用右手拿刨，左手扶料，先从木料后半部向后端刨削，然后逐渐从前半部开始刨削。如果是带刨把的槽刨，应将料固定后，双手握把，从木料的前半部向前刨，逐步后退到木料末端刨完为止。开始刨时要轻，待刨出凹槽后，再适当增加力量，直到刨出深浅一致的凹槽(图 2-13)。

(3)线刨与边刨。

线刨专为成品棱角开美术线条用。边刨用于木料边缘截口，使用方法相似。使用前，先调整好刨刃的露出量。右手拿刨，左手扶料。刨削时，先从离木料前端 150～200 mm 处向前刨削，再后退同样距离向前刨。依此方法，人向后退，刨向前推，一直刨到后端，最后再从后端一直刨到前端，使线条深浅一致(图 2-14)。

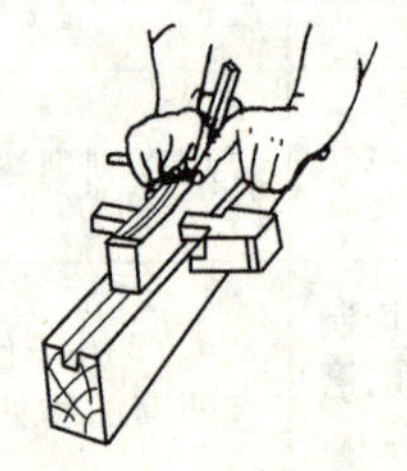

图 2-13　推槽刨手法

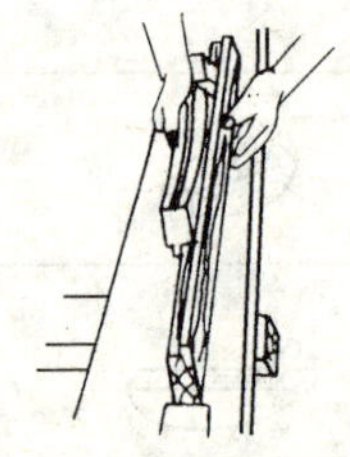

图 2-14　推边刨手法

(4)轴刨。

轴刨用于刨削各种小木料的弯曲部分。使用前，调整好刨刃。操作时，将木料稳固住，两手握住两端的刨把，使刨底紧贴木料，均匀用力向前推削。刨削时若遇到呛槎，为使刨削面光滑，可掉转刨头，两手换把后，再用力向后拉削。

3. **刨的维修与保养**

(1)磨刨刃。

刨刃经过长时间使用，必须加以研磨才能恢复锋利。如果刨刃研磨方法不当，就不会锋利，也不能长期使用。修磨刨刃的方法是。

1)粗磨口，细磨刃，背上几下是快刃。即磨刨刃时先用粗磨石磨出口，用手指轻轻横刮感到发涩时，再改用细磨石磨刃，磨到极其锋利的程度，然后将刨刃翻过来，正面平贴在磨石面上横磨几下，即可继续使用。

2)磨刨刃，定角度，来回研磨走直路。刨刃锋利和迟钝，以及磨后使用是否长久，与刃锋角度的大小有关，刨刃刃锋角度表示为 α。

一般刨刃：$\alpha=25°$

刨削硬木的刨刃：$\alpha=35°$

粗刨刨刃：$\alpha=30°$

细刨刨刃：$\alpha=20°$

研磨刨刃时，刃口的坡面要紧贴磨石，来回推磨。要保持角度不变，切忌两手忽高忽低，以致把刨刃斜坡磨成圆棱。如图 2-15 所示。

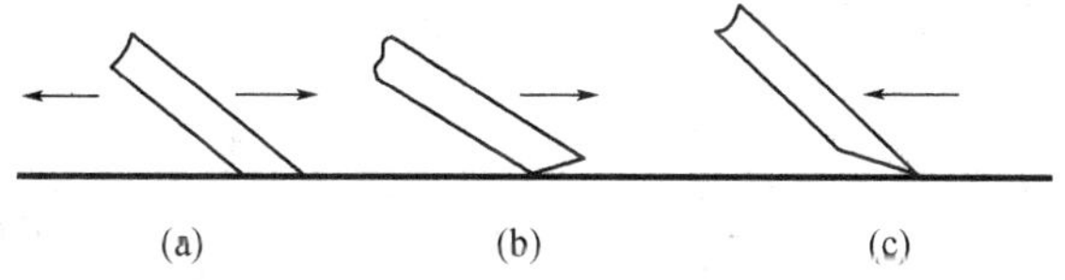

图 2-15　磨刨刃的方法

(a)正确；(b)、(c)不正确

3)刨刃口平面不能磨成凸凹弧线或斜线，必须磨成直线，并宜稍稍把两角尖磨去，如图 2-16 所示。

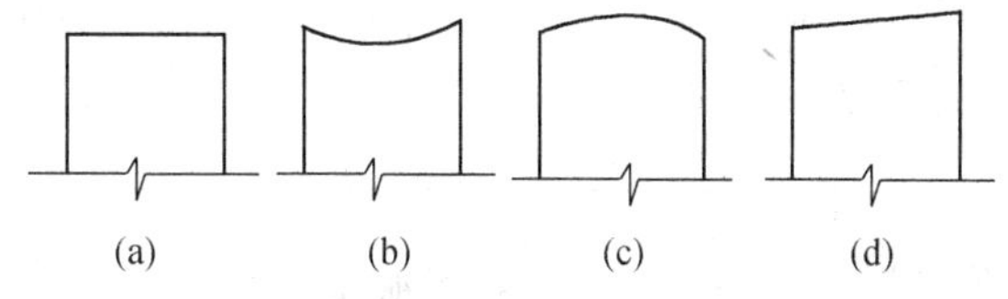

图 2-16　刨刃半面

(a)正确；(b)、(c)、(d)不正确

(2)磨刨盖。

当采用铁刨盖时，刨盖也必须修磨，使刨盖的刃端与刨刃完全贴合，不得有缝隙，否则在操作中易被刨花堵塞。

(3)刨床底修理。

刨床经过长时间使用,刨床底面会因磨损而产生不平,或因气候影响而产生变形,必须加以修理。一般常见的毛病有纵向弯曲、横向不平、刨底翘曲、刨底磨损等。修理刨床底时可用经过校正的平尺,纵向放在刨床底面上,检查刨底纵向是否有弯曲;然后将平尺横放在刨底面上,检查有无缝隙;还要斜放在刨底对角线上,检查扭弯程度。根据检查出来的问题,用另一把刨底平整的细刨,对需要修理的刨床底面进行刨削,要边刨削边检查,直至符合使用要求为止。

(4)刨的维护。

使用时,刨底要经常擦油。用刨完毕,退松刨刃,不要乱丢乱放,应挂在工作台板间或使其底面向上平放。敲去刨身时,要敲其后端,不要乱敲。要经常检查刨底是否平直、光滑,若不平整,应及时修理,以免影响刨削质量。刨如果长期不用,应将刨刃及盖铁退出另行放置。

五、凿钻工具

1. 凿的种类和用途

表 2-5　　凿的种类和用途

类别	简图	特征	用途
平凿	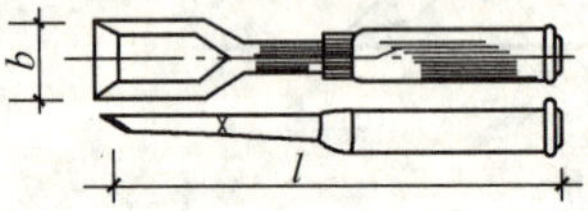 b l	是一种最坚硬的凿子,凿头又宽又厚,刃的角度为30°	适合凿宽眼及深槽
	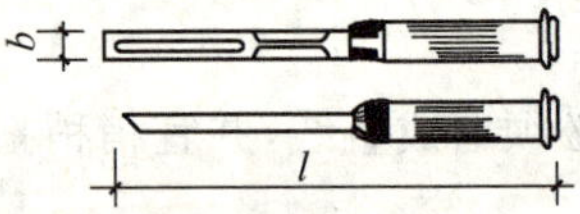 b l	凿宽一般在16 mm以下,颈厚,刃锋角度为30°～40°	适合凿较深的眼及槽
	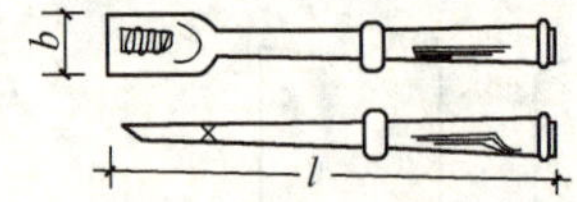 b l	形似宽刃凿,但较其短、小、细、薄	适合凿浅眼、浅槽及安装修补门窗,使用方便灵活
	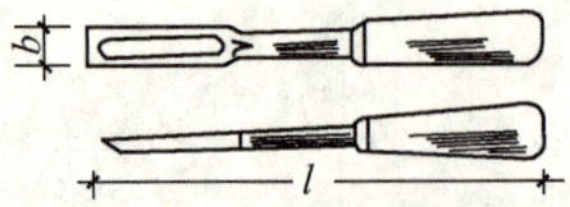 b l	刃薄、颈细、把长、无箍,铲刃角度20°～25°	适合切削榫眼的糙面,修理肩、角、线等工作,不可用锤击铲把
	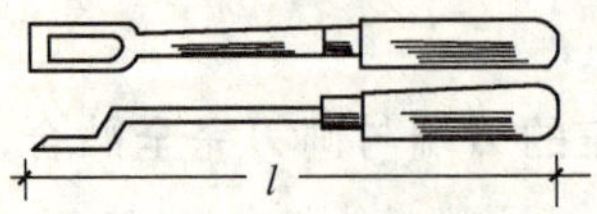 l	刃头部分弯下	适于切削沟槽内的平面

续表

类别	简图	特征	用途
圆凿		刃部呈弧形	可以切削圆槽
		刃部呈弧形	用于凿圆孔及雕刻
斜刃凿		刃呈斜形，且分左斜和右斜两种，按大小也有大形和中形之分	可用于倒楞、剔槽、雕刻，有时当车刀切削圆形木件

2. 凿的使用方法及修理

凿孔前，将已划好榫眼墨线的木料放在工作台上，木料的长度在 400 mm 以上。打凿时，人的左臀部可坐在木料上。若木料较短小，可用脚踏稳。凿孔时，左手紧握凿柄，凿刃斜面向外，刃口向内，凿刃离靠近身边的横线 3～5 mm，拿凿要垂直。同时，右手用斧或锤敲击凿顶，使凿刃垂直切入木料中，再拔出凿，将凿移前一些斜打一下，把木屑剔出。如此，反复打凿并剔出木屑。当孔凿到所要求的深度时，再修凿前后孔壁，但两根横线要留下半条墨线，以备检查。凿透孔时，应先凿背面至孔深，再将木料翻转过来，从正面打凿，直到凿透。这样，孔口四周不会产生撕裂现象。透孔背面，孔膛应稍大于墨线以外 1 mm 左右，以免安装榫头时劈裂。同时，孔的两端面中部要略微凸起，以便挤紧榫头（图 2-17）。

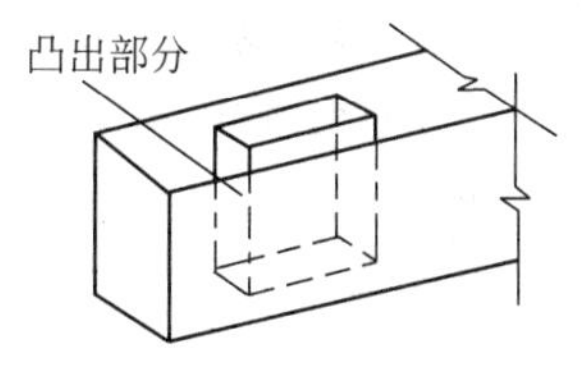

图 2-17 孔壁形状

3. 常见用凿口诀

（1）锤要打准打平，凿要扶直扶正。

所谓打准，就是要打正，使锤的中心打在凿把的中心点上，否则易把手打伤；所谓打平，就是锤头与凿把的接触面要平，不要歪斜，才能受力均匀，也不会将凿把打坏。所谓扶直，就是扶凿时凿身与凿眼面基本垂直；所谓扶正，就是将凿刃对正凿眼，不要错位。

（2）一楔晃三晃。

右手每击 1～2 锤，凿刃打入木料一定深度后，必须暂停锤击，而用左手前后晃动凿子。如果只打不晃，则越打越深，凿子就会夹在眼中，不易拔出。

(3)前紧后跟,越凿越深。

茬凿眼时,每锤击几下,必须向前移动一次凿子,叫“前紧后跟”。凿子在眼中越往前凿,因后面已经凿空,所以进刃就比较容易,这就是“越凿越深”。

(4)打眼活,学晃凿,晃凿找线出好活。

要使凿眼位置准确,形状周正,必须学会晃凿找线。晃凿就是凿刃不离开木料表面,用左手轻摇凿把,利用凿刃的两尖作支点,慢慢将凿摇晃到需要凿眼的位置,只有很好地掌握晃凿技术,下凿才能准确、迅速。

(5)切削木材面,扁铲来当先。

用凿凿眼,里面多不整齐,锯割榫头也易留下棱角和榫根重台,此外如榫肩线角的修理、门窗扇合页的安装,都需要对木料进行局部切削工作,切削工具应以扁铲为主,有的部位还需要使用圆凿、圆铲、斜刀等工具。

4. 钻的种类和用途

钻的种类和用途,见表 2-6。

表 2-6 钻的种类和用途

名称	简图	特征	用途
手钻		手持木把直接钻孔	用于装钉五金件前的钻孔定位
牵钻		上节为握把,可自由转动,下端有卡头,装钻头用拉杆牵拉使钻头旋转	一般家具上钻小孔,或在硬木上上木螺钉前预先钻孔
陀螺钻		利用钻陀的惯性作用,使用较为方便	一般家具上钻小孔,或在硬木上上木螺钉前预先钻孔

续表

名称	简图	特征	用途
螺纹钻		上下移动钻套，使钻身沿螺纹方向转动	适用于钻小孔，携带方便
弓摇钻（弓形钻）		摇动手把即可钻眼，钻头拆卸方便	适用于钻木料上的孔眼
麻花钻（螺旋钻）		全长 500～600 mm，钻的上部有横柄	木件上钻圆孔，如钻木屋架、悬臂檩条安装的螺栓孔
手摇钻		用手或肩胛顶住上端，摇动手柄钻眼	适用于钻木料上的孔眼，使用方便省力

5. 钻的使用

(1)牵钻。

牵钻使用时，用左手握住握把，钻头对准孔中心，右手握住拉杆保持水平地推拉，使钻杆旋转，钻头即钻入木料内。钻时要保持钻杆与木料面垂直，不得偏斜。

(2)手摇钻、弓摇钻。

使用时，用左手握住顶木，右手将钻头对准孔中心。然后，左手用力压住，右手摇动摇把，按顺时针方向旋转，钻头即钻入木料内。钻进时，要使钻头与木料保持垂直。钻到透孔时，将倒顺器反向拧紧，摇把按逆时针方向旋转，钻头即退出。

(3)螺旋钻。

操作时，先在木料正反面画出孔的中心，然后将钻头对准孔中心，两手紧握把手，稍加压力向前扭拧，钻头即可钻入木料。钻到孔深一半以上时，将钻退出，再从反面开始钻，直到钻通为止。当孔径较大、较深、拧转费力时，可钻入一定深度后，退出钻头，在孔内推拉几下，清除木屑后再钻。垂直或水平方向钻孔时，要使钻杆与木料面保持垂直。斜向钻孔时，应自始至终正确掌握斜向角度。

六、锤、斧、锛

1. 锤、斧、锛的种类和用途

锤、斧、锛的种类和用途见表 2-7。

表 2-7 锤、斧、锛的种类和用途

名称	简图	特征	用途
羊角锤	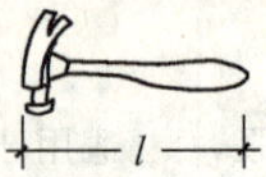 l	一头敲钉子，一头起钉子	钉钉子和起出钉子
双刃斧	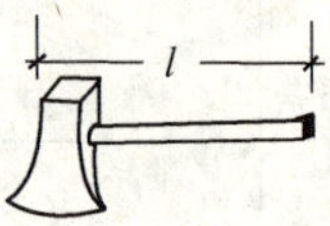 l	刃锋在中间，能向左或向右两面砍劈木材	一般用于工地支模型、做屋架、砍木桩等，应用较广泛，灵活方便不受限制
单刃斧	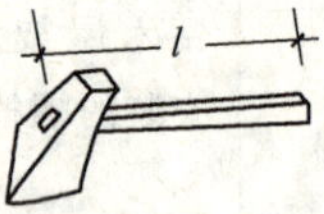 l	刃锋在一面，适合砍，不适合劈，砍时只能向一面砍	吃料容易，木料易砍直，适用于家具制作等较小的木作工程
锛子	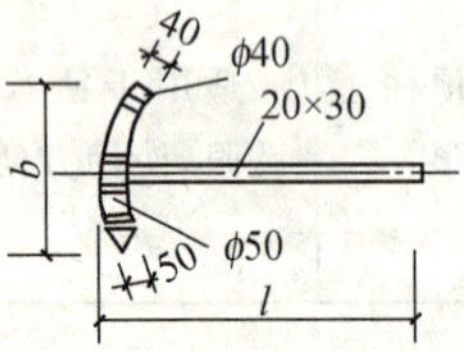 40 φ40 20×30 b 50 φ50 l	锛刃系钢制成，套在木制的锛头上，锛头有弧度，分长短，锛把插入锛头处需设“咽喉”	一般用于锛平平面较大的木材，也用于锛平木大梁等不平之处，使用极为省劲

2. 锤、斧、锛的使用方法

锤、斧、锛的使用应注意以下几点。

(1)锤的操作要点。

1)要想钉不弯，锤顶不偏斜。要将钉子顺直地钉入木材内，操作时锤顶应与钉子的轴线方向垂直，不要偏斜，否则易将钉子打弯。

2)用锤使巧劲，先轻后用劲。为了使钉子顺利钉入木材中，开头几锤应轻敲，使钉子保持顺直进入木材内一定深度，后面几锤可稍用劲，将钉子顺利钉入木材内，这样可避免钉身弯曲。

3)钉硬木，先钻穴，钉子不弯木不裂。在硬杂木上钉钉子时，应先按钉子规格在木材上钻一小孔，将钉子由孔内打入，可防止将钉子打弯或将木材钉劈裂。

(2)斧的操作要点。

1)磨斧不误砍料工：斧子必须磨得锋利，用起来得心应手，轻快准确，砍料速度快，省劲省工。用钝的斧子，不仅操作费力，而且容易发生安全事故。

①立砍。立砍适用于砍削短木料。画线后，按木料纹理方向，先由下而上将要砍削的部分砍成几段切口，然后再从上而下砍削。

②平砍。砍削大木料时，可将木料稳固在工作台上，砍削方向根据木料纹理方向而定。若由右向左平砍，右手在前，握住斧把中部或前部抡斧。左手在后，握住斧把端部掌握平衡(图 2-18)。砍削时，由前逐步后退。若由左向右平砍，其方法与之相反。

2)辨木纹，砍顺槎：砍料时一定要注意木材的纹理，从顺槎的方向下斧。

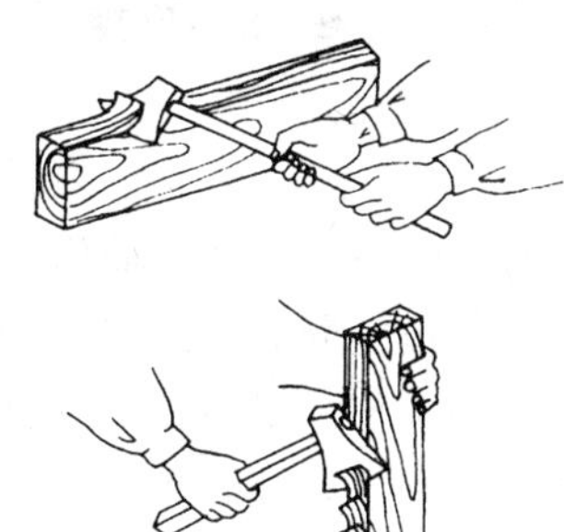

图 2-18　用斧操作

一段一斧口，沿着墨线走：如果木料砍去的部分较厚、较长，应沿墨线方向每隔 100～150 mm 砍一斜口，见图 2-19。下斧时斧刃不得砍着墨线。然后沿着墨线外侧砍劈，砍到缺口处，木屑就会自然脱落。如果在地面或案子上砍劈木料时，下面要加垫木板，以免砍伤斧子或木案。

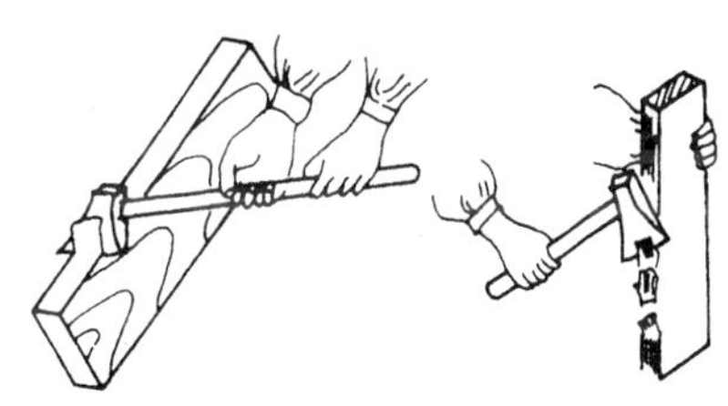

图 2-19　用斧操作

图 2-20　用锛操作

(3)锛的操作要点。

1)左手不离怀，右手只管抬：使用锛子时左手握住锛把尾端，曲肘靠近怀部，用力不能太猛，而用寸劲掌握准头，控制方向；右手把锛把三分之一处(由尾端算起)，将锛提到一定高度用力压下，见图 2-20。

2)使用锛时应“右脚在前左在后，两腿靠拢丁字步，往后退步左先走，右腿跟上倒牵牛”：即两腿靠拢，两脚掌成丁字形，两脚不要离开，见图 2-21。

后
左　脚
右
脚
前

图 2-21　丁字步

3)下锛时，锛刃离脚越近越保险，离脚越远越危险：一般锛刃的位置最远不超过前脚 300 mm 为宜。

4)锛子上下砍，腰身不动弹：不论举锛或下锛，身子不要随着锛子的上下而摆动。正确的姿势是身子微微前俯，与地面成 60°～70°角，才能保证锛位准确，锛砍有力。当然，在锛大节子时，要稍微直腰，并将两手甩开，这时应特别注意安全。同时，应随时注意防止锛头被木屑碎片垫起而致砍伤脚背。

3. 锤、斧、锛的修理

(1)锤的修理。

1)锤头松动:一般多在锤头与锤把连接处松动。松动的锤头,钉钉子时容易将钉打弯,而且锤头易脱落而伤人。此时,可在锤孔眼的木把中打入铁楔或钉子背紧。

2)锤把断裂:先用冲子将断在锤头孔眼中的断锤把打出,然后按孔眼大小重新安装锤把。对锤把打入锤头孔眼中的部分,刨削时应上端略小,下端略大,以便能顺利打入孔眼中,并安装牢固。

(2)斧的修理。

1)双面斧要磨两面,单面斧只磨有斜度的一面。研磨时,斧刃面必须磨平、磨直,不得有鼓肚。一般斧刃角度为30°左右,并注意必须把中间的夹钢磨出来。

2)斧子磨好后,试砍木材,砍面光滑者证明斧子钢材好,并已磨锋利;砍面有毛刺者,斧刃不够锋利。

3)磨完后,砍劈木料,以不夹斧为合格。磨斧时要磨去斧刃两尖,以防伤人。

(3)锛的修理。

锛子修理时应注意以下几点。

1)磨锛刃:先将锛刃卸下,再进行研磨。因为锛刃是夹钢的,刃口上面磨一分,下面磨半分即可。

2)定弧度:自锛顶向锛把量 540 mm 左右得到一点,再以此点为圆心,以 540 mm长的线绳画弧,即得锛头口弧度。最后再按锛刃眼的大小,刻出适合锛头的榫口,见图 2-22。

3)设"咽喉":安装锛把时,一定要在孔眼中做一个暗榫,叫做"咽喉"。孔眼应比锛把宽 12 mm,暗榫设在孔眼内前边,高、宽各为 10 mm,在锛把前凿与暗榫同等大小的孔眼,安装上锛把,并用木楔楔入加固。见图 2-23。

4)分长短:锛头的前部分一般比后部分短,前锛头离锛把的距离不宜大于 60 mm,见图 2-24。

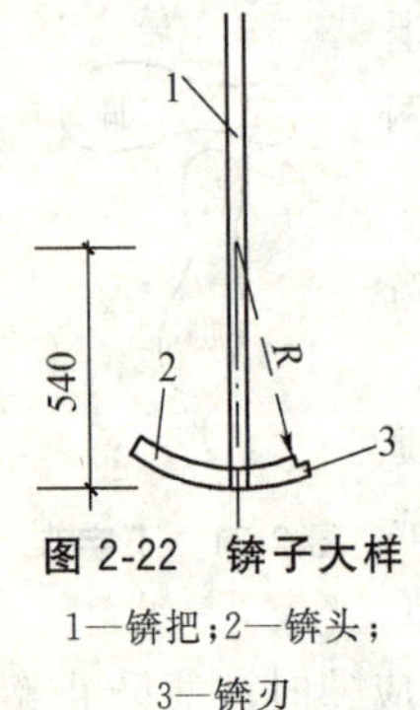

图 2-22 锛子大样

1—锛把;2—锛头;3—锛刃

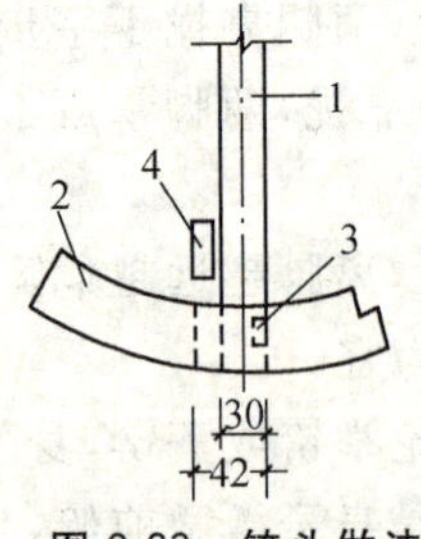

图 2-23 锛头做法

1—锛把;2—锛头;3—"咽喉"10 mm×10 mm;4—木楔

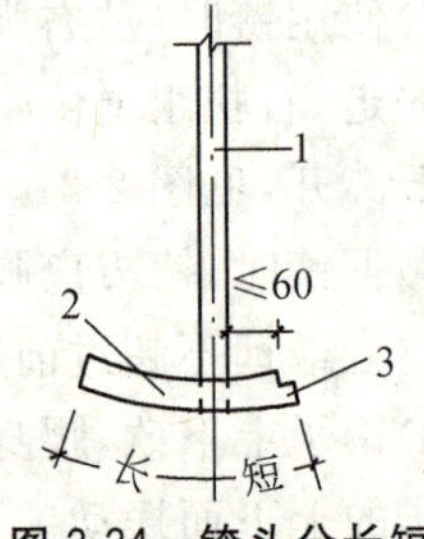

图 2-24 锛头分长短

1—锛把;2—锛头;3—套锛刃

七、辅助工具

1. 木锉

木锉分扁锉、圆锉、平锉三种，见图 2-25。

木锉的用途是锉削或修正木制品的孔、凹槽及不规则的表面。

2. 钳

常用于木作工程的有钢丝钳和钉子钳两种，见图 2-26。

钢丝钳是用来夹断钢丝、铁钉，也可用于拔小钉子；钉子钳主要用于拔出圆钉。

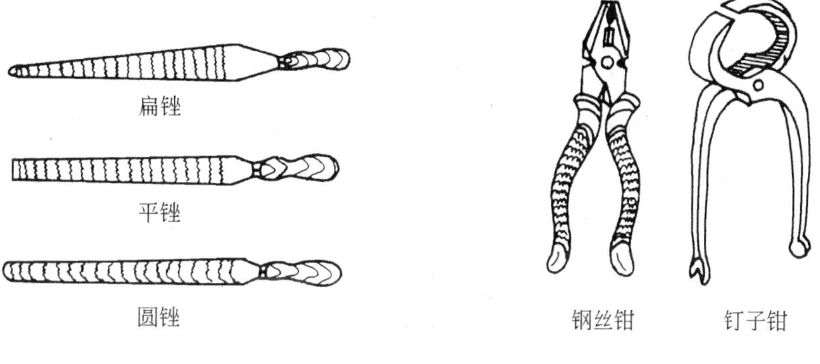

图 2-25　木锉

图 2-26　钳

3. 扳手、旋凿

扳手和旋凿(改锥)是木工不可缺少的辅助工具。

扳手是松紧螺栓的专用工具，又有呆扳手和活络扳手两种，如图 2-27。旋凿又称螺丝批、改锥、起子，分为普通型旋凿、十字槽旋凿、自动旋凿等 3 种，如图 2-28。旋凿主要用于装卸各种形式和规格的木螺钉，如安装木门窗、小五金等，用途十分广泛。

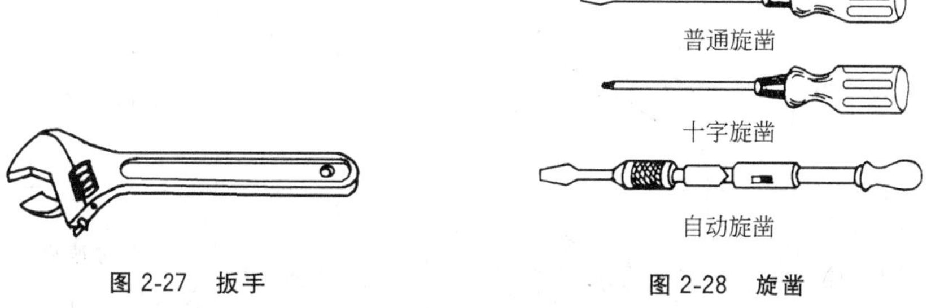

图 2-27　扳手

图 2-28　旋凿

第二节　常用机械

一、锯割机械

1. 电圆锯

电圆锯是装饰装修木工现场作业中应用最广泛的机具之一，可用来横截和纵裁木料。

(1)电圆锯机的主要型号及用途。

电圆锯机的主要型号及用途，见表 2-8。

表 2-8　　圆锯机的主要型号及用途

型　　号	用　　途	型　　号	用　　途
MJ104	可纵横向锯割板、方材	MJ224	可以从不同角度来锯割木板、方材和铣槽、切头、切榫、钻孔
MJ106	可纵横向锯割板、方材		
MJ109	以纵向锯为主，锯割边条	MJ225	纵、横、斜切割板、方材
MJ1010		MJ256	横向锯裁，机器悬挂横梁上
MJ1010A		MJ263	横向锯切，以锯代刨
MJ217	横向锯断板、方材	MJ264	以锯代刨、可铣切端面、平面、角度

(2)电圆锯机的齿形及拨料。

圆锯片锯齿形状与锯割木材材质的软硬、进料速度、光洁度及纵割或横割等有密切关系。几种常用的齿形和齿形角度、齿高及齿距等有关数据见表 2-9。

表 2-9　　常用的齿形和齿形角度、齿高及齿距

锯片名称	类　型	简　图	用　途	特　征
圆锯片齿形	纵割锯	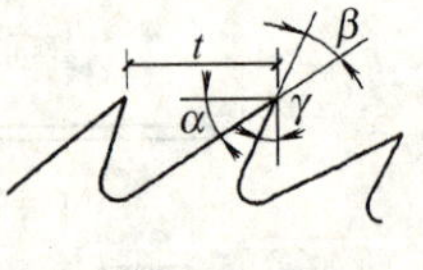	主要用于纵向锯割，亦用于横割	以纵割为主，但亦可横割，齿形应用较广泛
	横割锯	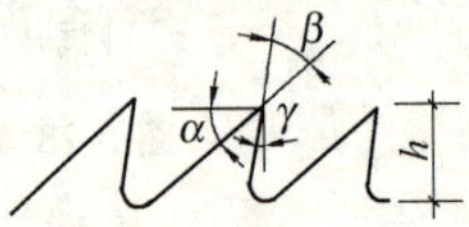	用于横向锯割	锯割时速度较纵向慢，但较光洁

续表

<table>
<tr><td>锯片名称</td><td>类型</td><td colspan="3">简图</td><td colspan="2">用途</td><td>特征</td></tr>
<tr><td rowspan="4">圆锯片齿形角度</td><td rowspan="2">锯割方法</td><td colspan="3">齿形角度</td><td rowspan="2">齿高 h</td><td rowspan="2">齿距 t</td><td rowspan="2">槽底圆弧半径 r</td></tr>
<tr><td>α</td><td>β</td><td>γ</td></tr>
<tr><td>纵割</td><td>30°～35°</td><td>35°～45°</td><td>15°～20°</td><td>(0.5～0.7)t</td><td>(8～14)s</td><td>0.2t</td></tr>
<tr><td>横割</td><td>35°～45°</td><td>45°～55°</td><td>5°～10°</td><td>(0.9～1.2)t</td><td>(7～10)s</td><td>0.2t</td></tr>
</table>

注:表中 s 为锯片厚度。

锯齿的拨料是将相邻各齿的上部互相向左右拨弯,见图 2-29。正确拨料的基本要求如下:

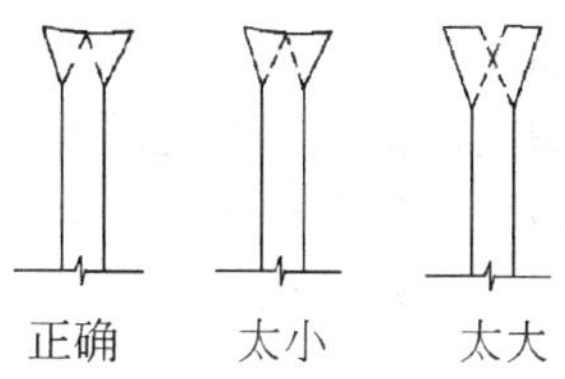

图 2-29 锯齿的拨料

1)所有锯齿的每边拨料量都应相等。

2)锯齿的弯折处不可在齿的根部,而应在齿高的一半以上处,厚锯约为齿高的 1/3,薄锯为齿高的 1/4。弯折线应向锯齿的前面稍微倾斜,所有锯齿的弯折线距齿尖的距离都应当相等。

3)拨料大小应与工作条件相适应,每一边的拨料量一般为 0.2～0.8 mm,约等于锯片厚度的 1.4～1.9 倍,最大不应超过 2 倍。软料湿材取最大值,硬材与干材取较小值。

4)锯齿拨料一般采用机械和手工两种方法,目前以手工为主。

(3)电圆锯机的使用。

1)工作前的检查。

工作前的检查。检查锯片是否有裂纹、变形现象;锯片锁紧螺栓是否紧固;固定防护罩是否紧固;活动防护罩转动是否灵活;接通电源,扣下扳机再松开,开关是否自动断开弹回原位;电机运转是否正常,有无漏电、异响,调节底板各螺栓紧固件是否灵活有效。全部检查确认无误后,方可开始作业。

2)斜角与直角锯割。

①斜角锯割:先拧松调节底板前方角度尺上的蝶形螺母,在 0°～45°内调整所需角度。调好后,拧紧该蝶形螺母使角度固定。将顶部导板左边较浅的缺口与工件上的切割线对正(图 2-30)。

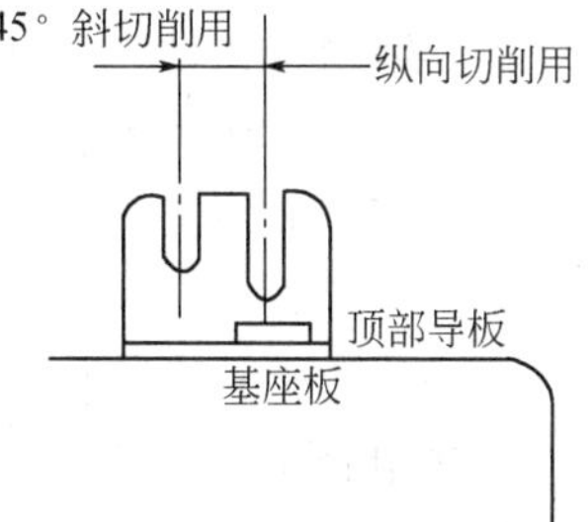

图 2-30 电圆锯锯割

②直线锯割:先将角度调节为 0°,锁紧螺母,然后将底板前的顶部导板右边较深的缺口与工件上的切割线对正(图 2-30)。

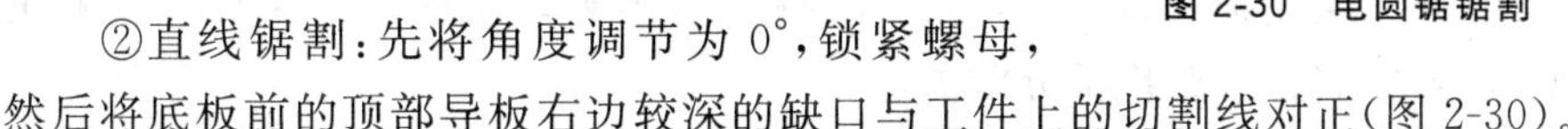

3)底板及导尺的调节。

①入锯材料的深度可以通过调节底板来控制。松开固定防护罩上固定深度尺的蝶形螺母,调节底板至所需的锯割深度。拧紧该蝶形螺母。如果作为割断加工,一般是将刀片调到可能锯断工件的深度。

②导尺可以保证电圆锯能精确地直线锯割。导尺的调节是通过底板右前方蝶形螺母来完成。松开该螺母,导尺可左右移动,调到所需位置。然后拧紧该螺母,将导尺固定。操作时须将导尺紧贴工件滑动。

4)锯割作业。

一切检查、调整工作完成后,即可接通电源开始工作。右手握住后部把手,左手握紧前部把柄,将底板贴放在要锯割的工件上,但不要让锯片与工件接触。然后启动开关使电圆锯运转,待锯片达到最高转速时,沿工件表面紧靠导尺,平稳向前推动圆锯完成锯割作业。在推进过程中,要保持进速均匀,顶部导板缺口与工件切割线始终对正,以确保锯口干净、平滑。

5)锯片的拆除。

首先拔下电源插头方可进行拆装。按下轴锁装置,使锯片不得转动。用专用扳手或开口扳手,按逆时针方向旋转六角螺栓,并拆下六角螺栓,取下外法兰盘及锯片。装上新锯片,让锯片上的箭头方向与防护罩上的箭头方向保持一致,不能装反,然后再装上外法兰盘,上紧六角螺栓。

(4)电圆锯机加工中产生的缺陷及消除。

1)缺陷。

①锯材不走正路,产生扭斜现象;

②木料推进困难,出现跳锯和焦烟现象;

③锯口偏离破料线;

④操作吃力,锯片变形;

⑤推进困难,有夹锯、回弹现象,出现焦烟或两侧摆动;

⑥锯割费劲,锯末疏通受阻;

⑦锯割操作时木料突然倒退反弹;

⑧锯片的边缘开裂。

2)消除方法。

①加大锯料,放慢推进速度,推进时用力要均匀;

②用砂轮对锯片进行磨砺,找出正圆,重新砸料,重新磨锐;

③将长的一面锯齿磨平齐,重新磨锐;

④找出齿尖受损部位,然后将锯片内径固定在砂轮机的工作台上,开动砂轮机,转动锯片,将齿尖凸出部分磨去;

⑤加大锯料或重新平整锯片。料路宽度一般为锯片厚度的1.4～1.9倍(但

不超过2倍)；

⑥先用砂轮进行整形，然后锉出合格的齿槽，两齿间的半径曲线要连接平滑；

⑦重新修磨齿尖，找出正圆；

⑧可在裂缝根处用2～3 mm的钻头钻一圆孔，制止裂缝继续扩张。

(5)电圆锯机的维护与保养。

1)各紧固调节螺栓、蝶形螺母与转动轴要保持转动灵活，定期上油以防锈蚀。

2)操作完毕，锯片要取下架好，切勿挤压，以防变形、断裂。

3)要放松各紧固件，以防螺栓疲劳变形。

4)机具不用后，要有固定机架存放，不得乱放、挤压，以防零件变形。

5)定期做绝缘检查，发现有漏电现象时，应立即排除。特别是在潮湿环境作业时，要定期对电机做干燥处理。

6)定期检查更换电机碳刷。当碳刷磨损到5～6 mm以下时，应及时更换。两个碳刷要同时更换。经常保持碳刷清洁，并使其在夹内自由滑动。

(6)安全操作要求。

1)操作前检查所有安全装置必须完好有效；固定防护罩要安装牢固，活动防护罩要转动灵活，并且能将锯片全部护住；仔细检查工件上有无铁钉等硬物。如有应取下，以免回弹和损坏锯片。

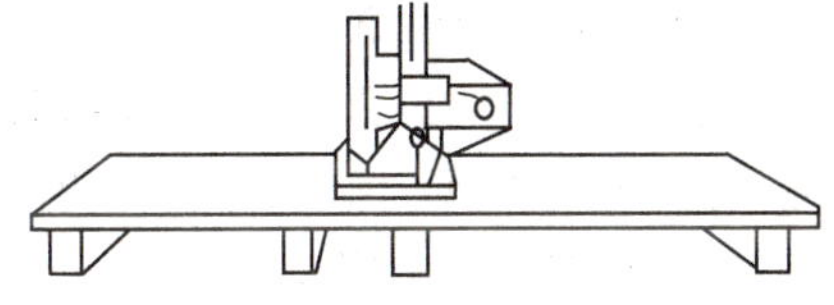

图2-31 工件支撑

2)操作时手及身体各部必须离开锯割区。锯片转动时，不可用手拿取切断的加工件。断开开关后，锯片尚在转动时，不可用手或其他物体接触锯片，更不可在作业时随意将其他物件插入锯割区。

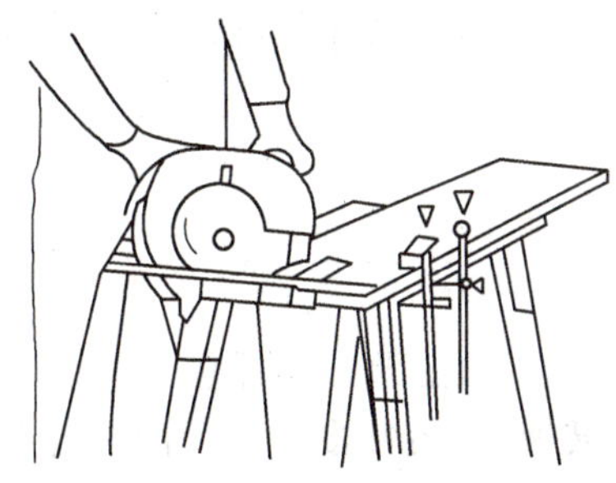

图2-32 圆锯提握工件支旋方式

3)锯片要保持清洁、锐利，无断齿、裂纹。安装要牢固。所用锯片必须与圆锯配套，不可使用锯片固定孔不合规格的产品。严禁使用不配套的套环和螺栓。

4)加工大块工件必须支撑稳定。以工件平稳、不晃动为标准，而且在锯断区附近必须有支撑，这样可以减少颤动、回弹和夹锯(图2-31)。

5)纵锯木料时必须使用导尺或直边档板。

6)当夹锯时，应马上断开电源开关，使转动停止，不可强行工作。

7)圆锯底板较宽的部分应放在有坚固支撑的工件部位，以免锯断后机具重心倾斜(图2-32)。

8)当加工短小工件时,应将工件夹住。绝不能用手拿着工件进行加工。

9)绝不可以用台钳反夹圆锯,在上面锯割木料。

10)操作完毕断开电源开关后,锯片要缓慢减速停止。所以放下电圆锯前,必须确认下方的活动防护罩完全复位,锯片停转。否则绝不可马上放下。

11)操作中禁止戴手套,不要穿肥大的衣服,不要系领带、围巾等。

12)当发生异响、电机过热或电机转速过低时,应立刻停机检查。

2. 转台式斜断锯

适用于装饰木工纵断、横切或截成任意角度的边框、角料。

(1)使用方法。

1)新购的斜断锯,如果切口铺上没有切下槽口的活,应该缓慢降下锯片,在切口铺上切下一条槽口(图 2-33)。

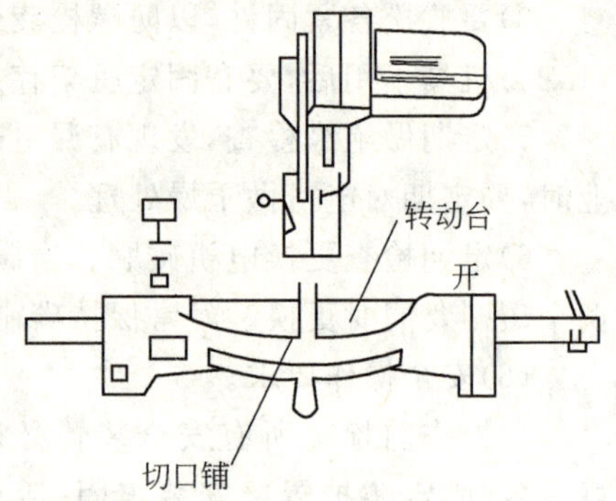

图 2-33 切槽口

2)用四个地脚螺栓把斜断锯固定在水平稳定的台面上。

3)操作前的检查。

①检查锯片是否符合要求,锯片锁紧螺栓是否紧固,锯片确无裂纹、变形现象。如果有,则应立即更换。

②检查刀片盖是否紧固,安全罩是否转动灵活。

③检查电源是否与机具铭牌相符。然后接通电源,按动开关,按下再松开,检查开关是否自动断开,弹回原位。

④检查电机运转是否正常,有无漏电、异响。

4)按所需角度调整好转动台,固定好所要锯割的工件,锯割线对在锯片的左或右。

5)一切检查、调整工作完成且确认无误后即可接通电源开始操作。右手握住手柄,按动开关,使锯片旋转,待锯片达到最高转速时,再慢慢放下手柄。当锯片与加工件接触时,再逐渐向下施加压力进行锯割。截断工件后,关上开关,等其完全停止转动时方可将手柄抬回原来的最高位置。

6)为了有助于保证加工件的无裂碎锯割,可以装上木质面板,利用导板上的孔,将木质面板用螺栓固定在导板上。螺栓的头部要卧进面板的里面。装上木质面板以后,不要在锯片处于低位置时转动转台,以防损坏木质面板。

7)锯片的拆装。拆卸锯片时,首先要松开处于最低位置的手柄,按动轴的锁定位置,使锯片不能转动。再用套筒扳手松开六角螺栓,然后取下六角螺栓、外法兰盘及锯片。安装锯片时,先取出新锯片,将锯片安装在中轴上,确认刀片表面上的箭头方向与刀片盖上的箭头一致。装上外法兰盘,拧上六角螺栓。然后按住轴锁,用套筒扳手沿逆时针方向,完全拧紧六角螺栓。然后按顺时针方向调整螺栓,以便扣紧中心盖。

(2)维护与保养。

1)保持机具的清洁。每次操作完毕后,要擦洗整个机具,清除沟槽和零件间隙的杂物,以确保机具具有良好的工作状态。

2)机具使用完毕后,要用固定的机架存放,以免受到挤压和磕碰而使零件变形或损坏。

3)不用的锯片取下后,一定要放到安全、干燥的地方并架好,以防变形和断裂。

4)机具的运动部位结合处,要定期上油,以保持运动灵活。

5)定期检查更换电机的碳刷。当碳刷磨损到 5～6 mm 时要及时更换。经常保持碳刷的清洁,并且使其在夹内能自由滑动。

6)定期做绝缘检查,发现有漏电现象时,应立即排除。特别是在潮湿环境操作时,要定期对电机作干燥处理。

(3)安全操作规程。

1)开机前要检查锯片有无断裂、破损或变形,开关安全罩是否固定,主轴锁定装置是否处于非锁状态。

2)检查工件锯割部位有无铁钉等硬物,如有应取下,以免回弹和损坏锯片。还要检查工件是否被夹紧。

3)操作时右手要牢牢握住手柄,左手起辅助作用,且绝不可以放在切割线或接近锯片的部位

4)锯片在转动之前,一定要远离工件。锯片达到全速旋转后,方可接触工件开始操作。

5)如有异常现象,应立即停机,拔下电源插头,方可检查维修。

3. 曲线锯

适用于在木材上面锯割较小曲率半径的几何图形和图案简单的花饰。

(1)使用方法。

1)工作前的检查。检查电源是否符合铭牌,开关是否灵活可靠、能否复位,锯条是否完好无损,然后方可接通电源开始工作。

2)将曲线锯底板贴平在工件表面。按下开关,待锯条全速运动后靠近工件,然后平稳匀速地向前推进。

3)若锯割材料中间的曲线,可先钻一个能插进曲线锯条的洞,然后再进行锯割。

4)若锯割薄板材时,发现工件有反跳现象,则是锯条齿距过大,应更换细齿锯条。

5)若板材太薄锯割困难,可考虑多层锯割或用废料加厚工件进行锯割,但废料必须要与工件夹牢。

6)使用导尺可以保证精确的直线锯割。使用圆形导件,可以锯割圆和圆弧。

7)如需锯割斜面,操作前先拧松底板调节螺钉,使底部旋转。当底板转到所需角度时,拧紧调节螺钉,紧固底板即可操作。

8)锯割过程中,切不可将曲线锯任意提起。如遇异常情况,一定要先切断电源再进行处理。为了保证锯割曲线的平滑,最好不把曲线锯从锯割的锯缝中拿开。

9)发现锯条磨损过多或已被损坏,要及时更换。

10)锯条的拆装:拔下电源插头,用内六角扳手拧松定位环上的锯条固定螺钉,将原有锯条拆下。然后将所需新锯条齿朝前,尾部插入锯条装夹装置。最后把前面和侧面的固定螺钉拧紧(图 2-34)。

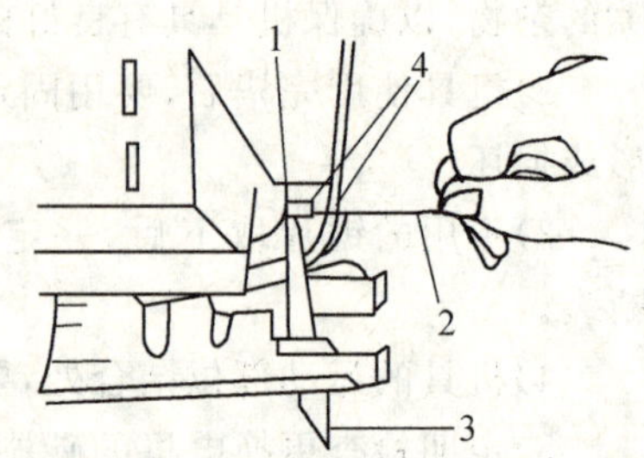

图 2-34 锯条的拆装

1—侧定位螺钉;2—内六角扳手;3—锯条;4—前定位螺钉

(2)维护与保养。

1)保持机具的清洁。每次工作完后要擦洗整个机具,清除缝隙间的杂物,以便保持机具具有良好的工作状态。

2)机具使用完毕后,要有固定的机架存放,以免受到挤压和磕碰,而使零件变形或损坏。

3)不用的锯条取下后,一定要放到安全的地方架好,以防变形和断裂。

4)机具运动部位的结合处,要定期上油,以保持运动灵活。

5)定期检查更换电机的碳刷,当碳刷磨损到 5～6 mm 时要及时更换,经常保持碳刷的清洁,并且使其在夹内能自由滑动。

6)定期做绝缘检查,发现有漏电现象时,应立即排除。特别是在潮湿环境操作时,要定期对电机作干燥处理。

(3)安全操作规程。

1)操作前的检查,检查工件下面是否留有适当的空隙,以防锯条碰到其他物品,造成物品和锯条的损坏。所有安全装置必须完好有效,开关要灵活,而且能复位,电源要符合铭牌,螺钉要紧固。

2)锯割小的工件,应将工件固定好。不要锯割超过规定的工件。

3)在锯割墙壁、地板、顶棚等上面的材料时,一定要先检查所有锯割部位是否有通电电线。锯割时手一定要抓在机具的绝缘把手上。

4)只有当手拿起工具方可操作,不可脱手丢开已在转动着的工具。

5)锯割过程中,不能将曲线锯提起,以防锯条受到撞击而折断。

6)工作完毕,必须关上开关,并等到锯条完全停止运动后,方可将锯条移离加工件。

7)操作后不可立刻用手去触摸锯条和加工件,以免烫伤。

二、刨削机械

刨削机械按其用途分类,主要有手提式电木刨和台式电木刨。

手提式电木刨是装饰木工现场施工中应用最广泛的机具之一。下面介绍手提式电木刨。

手提式电木刨适用于木材表面的刨削、裁口、刨光、修边等。

1. 使用方法

(1)将工件夹持牢固。

(2)按加工要求将深度调节旋钮调到粗或精加工的数值范围,一只手握深度调节把手,另一只手握工具手柄(图 2-35)。

(3)启动前先将刨削口的前端平放在工件的后端,而刨削刀口不要接触工件。

(4)启动开关,使电刨的刃口沿着工件平稳缓慢地切入工件,操作过程中,使工具底面自始至终与工件保持水平状态,以保证工件刨削表面光滑平整。

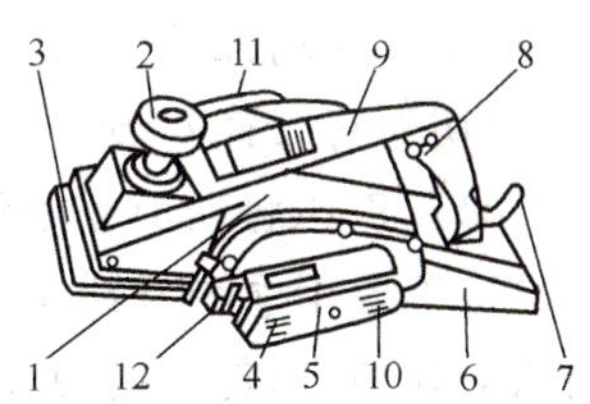

图 2-35　手提式木工电动刨

1—罩壳;2—调节螺母;3—前座板;4—主轴;5—皮带罩壳;6—后座板;7—接线头;8—开关;9—手柄;10—电机轴;11—木屑出口;12—碳刷

(5)对于较长的工件,用工具前端的螺栓将导刨器固定在刨身的一侧,当推动工具前进时保持与工件在同一条直线上。

(6)如需裁口,将导刨器装在工具一侧,然后将它调节至工件需刨削槽的宽度位置,沿着边沿已设定的距离刨削。

(7)如需刨削棱边,将前部底板中央的 90°槽沟吻合在工件棱边上,斜着推进工具。

2. 维护与保养

(1)在工具使用完毕后应清理干净并按工具使用说明及时加润滑油及更换失效的零件。

(2)保持工具手柄清洁、干燥,并避免油脂等污染。

(3)经常检查安装螺钉是否紧固妥善,若螺钉松了,应立即重新扭紧。

(4)定期检查导线有无破损,工具是否绝缘。

(5)定期更换和检查碳刷。当其磨损到 5～6 mm 时就需要更换。要保持碳刷清洁,并使其在夹内能自由滑动。

3. 安全操作规程

(1)使用前务必留意工具铭牌上所标明的运转电压及使用范围。

(2)空缺盖、罩或任何紧固零件的工具,务必装配齐全方可启用。

(3)按说明书正确地安装紧固好刨刀。

(4)工具在操作时勿用手触及运行中的部分,若遇到刀具咬合在工件上,勿强行操作。

(5)刨削前应确定工件上没有钉子或其他硬物,避免损伤刀刃或导致事故。

(6)由于启动时电机在惯性的冲动下会使刨具从操作者手中跳脱,因此必须牢固握持刨具。

(7)整个操作过程中,工件要夹持平衡,不要偏于一端,免出事故。

(8)工具活动部分还未完全停下时,不要把它搁下。

(9)切勿将刀锋对着人。

(10)在正式启动前或不使用时,若换用主件,务必将工具拔离电源插座。

(11)不要用电源导线吊持工具或拉牵导线使插头拔离电源插座,勿使电源导线接近热源、油类和锐利物品。

三、钻孔机械

装饰木工现场作业时,常用的钻孔机械有手电钻、电冲击钻等。

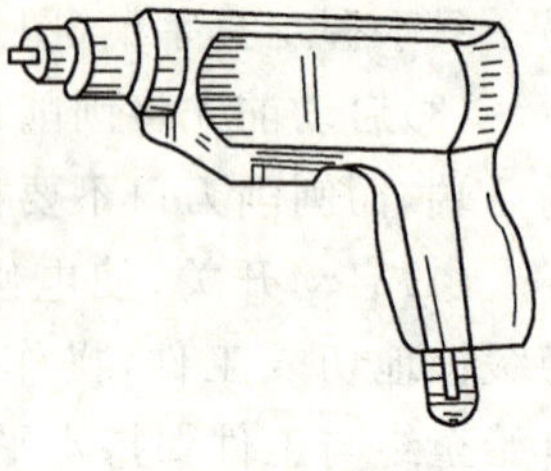

图 2-36 手电钻

1. 手电钻

手电钻(图 2-36)主要用在木板上钻孔、扩孔,还可以配上不同的钻头完成打磨、抛光、拆装螺钉螺母等。

(1)使用方法。

1)按工作内容选择合适的手电钻和钻头。钻头使用前要磨好,确保锋利适用,确认机具、导线绝缘良好,开关灵活有效。

2)确认钻头和夹头无杂物缠绕,装好钻头后,用专用扳手紧固。

3)将钻头顶部放在预钻孔的中心,轻压握牢、站稳,接通开关,完成操作。

4)在孔即将钻透时,要减少压力,以免钻透时造成人员、材料损伤。

(2)维护与保养。

1)夹头滚柱等转动部分和电机要定期加润滑油。

2)电机工作时间过长会发热,这时要暂停,待电机冷却后再继续操作。

3)定期检查电机碳刷,当其磨损到 5~6 mm 时要及时更换。

4)经常检查各紧固螺栓,确保无松动。

5)操作完毕后要拆下钻头,清除残屑尘土,盘好电源线挂放好。

6)潮湿天气要定期做干燥处理。

(3)安全操作规程。

1)操作前要确认开关在断开位置再将插头插入电源插座。

2)操作时留长发的人要戴好帽子,双脚一定要站稳,身体不可接触接地的金属以免触电。

3)只可单人操作,不允许多人同时作业。

4)不准用电源线拉拽手电钻,以防机具损坏和漏电。

5)电钻把柄要保持干燥清洁,不沾油脂。

6)不得在易燃易爆处或过于潮湿处操作。

7)操作中出现卡钻头或孔钻偏等问题时,要立即切断电源开关调整。

8)手电钻操作时,要有漏电保护装置,电缆线要挂好,不可随地拖拉。

9)电钻出现故障或发出异响,应立即停机拔下电源插头,由专业人员检修。

10)拆装钻头时,必须用专用扳手。

11)操作中不准戴手套,仰面作业时要戴防护眼镜。

12)加工较小工件时,要用台钳夹牢,不可用手扶握工件操作。

2. 电冲击钻

电冲击钻(图 2-37)适用于装饰木工对各种室内外墙壁装修和复合材料的钻孔。

(1)使用方法。

1)根据操作内容选择合适的电钻和钻头,并确认钻头锋利,机具各性能良好,电源与机具规格相符。

2)确认钻头、夹头无杂物缠绕,按要求装好钻头,用专用扳手紧固。

3)将调节环指针拧至所需档位。

4)将钻头顶部放在所要钻孔的中心,握牢、站稳,接通控制开关,开始操作。

5)在钻孔过程中,一定要轻压,匀速推进。

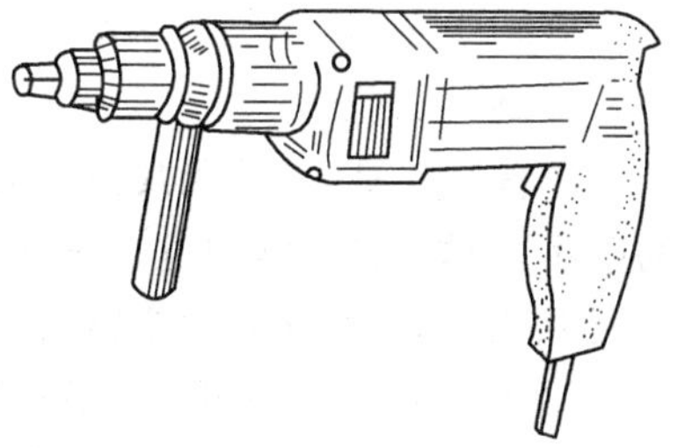

图 2-37 电冲击钻

(2)维护与保养。

1)工作完毕后要拆下钻头,清除灰尘,运动部位要加润滑油。

2)定期拆机做全面清理。特别是传动装置要确保清洁、润滑良好。

3)每天从油量计窥视窗检查油液一次,当发现油量少时,应及时补充,并应定期更换,保持油液清洁。

4)经常检查各紧固螺栓,确保无松动。

5)定期检查电机碳刷，当其磨损到 5～6 mm 时，应及时更换。

6)工作时间过长会使电机、钻头发热，这时要暂停，待其冷却后再继续操作。

7)钻头要妥善保管。工作完毕拆下后要用油脂涂其表面以防锈蚀。

8)潮湿天气，要定期对电机做干燥处理。

(3)安全操作规程。

1)工作前要确认调节环指针指在与工作内容相符的地方。

2)操作时须戴防护眼镜，留长发者要戴好工作帽。

3)机具在操作中发生故障或出现异响，应立即停机，拔下电源插头，由专业人员检修。

4)操作中出现卡钻头等问题时，要立即关掉控制开关调整。

5)机具把柄要保持清洁、干燥、不沾油脂，以便两手能握牢。

6)只可单人操作，而且操作中不准戴手套，双脚一定要站稳。

7)严禁用电源线拉拽机具，以防损坏和漏电。

8)使用电钻操作，要有漏电保护装置。电源线要挂好，不可随地拖拉。

9)操作完要先关控制开关，再拔电源插头。

10)不得在易燃易爆现场操作。

四、磨类机械

在装饰木作工程中，为使材料的光泽与质地达到一定的装饰效果，研磨是一项必不缺少的工作。研磨机械常用的有：砂纸磨光机、电动磨光抛光两用机、砂带磨光机等。

1. 砂纸磨光机

砂纸磨光机适用于木制品表面的抛光及喷漆之前木制品的打磨。

(1)使用方法。

1)握紧工具，启动使其获得最大速度时，缓慢地将工具放在工件的表面。打磨时不可对打磨机施加过度的压力。此外，在打磨或抛光时，切勿盖住电机上部的通风孔，这样会导致过热以致损坏设备。

2)为获得较好的研磨效果，要以平稳的速度和均匀的力量前后交替地移动打磨机。

3)在安装了新的粗颗粒的砂纸之后，打磨或抛光时，将打磨机前面或后面稍稍翘起，会避免打磨机运动的不稳定现象。

4)在工具下面放一布片，有利于家具或其他精细木制品表面光洁度提高。

5)固定砂纸，松开簧片，插入一张砂纸，把砂纸与砂纸垫平行对齐拉紧。在嵌入砂纸的一边之前，先将另一边从边缘算起 10 mm 处折一下，从折过的边缘算起 10 mm 处再折一下。

(2)维护与保养

1)保持工具清洁,每次使用完毕后将底板及缝隙和机壳上的粉尘清除干净。

2)按工具使用说明给工具的活动部件和轴等处加润滑油.及时更换失效零部件。

3)保持工具手柄清洁、干燥,并避免油脂污染。

4)经常检查安装螺钉是否紧固,若发现螺钉松了,应立即重新扭紧。

5)若砂纸出现损伤应及时更换,以免导致砂纸垫损坏。

6)定期检查导线有无破损。

7)定期更换和检查碳刷。当其磨损达 5～6 mm 时就需要更换。要保持碳刷清洁并使其在夹内能自由滑动。

8)工具不用时应收藏在干燥处。

(3)安全操作规程。

1)操作前检查工具铭牌上标示的电压是否与电源电压一致,检查工具的开关是否关闭。

2)操作前检查工具各部件有无损坏,有则及时更换。检查之前需关上并切断电源。

3)只有用手拿起工具后方可操作,不可脱手放开正在转动的工具。

4)必须在适当的转速下使用工具。

5)检查电线接头、接地是否良好。

6)除非电源插头已从电源插座拔下,否则绝不可接触活动部分或附件。

7)应以低于铭牌上的额定输入功率进行操作,否则电机将过载而影响操作精度,并降低效率。

8)贴砂纸前决不可转动工具,否则将会严重损坏砂纸垫。

9)不可拖着导线移动工具或拉出插头等,勿使导线接触高热物体或沾湿油脂。

10)打磨时勿用水或研磨液,否则会导致触电。

11)不可在阴暗潮湿地方使用电动工具,不可淋雨。

2. 电动磨光、抛光两用机

电动磨光、抛光两用机适用于木材表面的修整抛光、砂光、擦扫等。

(1)使用方法。

1)握紧工具,启动使之获得最大速度时缓慢地将工具放在工件上,让磨削砂轮的边端与磨削材料的角度大约保持 10°左右。

2)选择适当颗粒的磨削砂轮。

3)砂轮的拆装。将电源关掉。首先放好。安装砂轮时,把塑料垫放在主轴上,接着把砂轮、橡胶垫、紧固螺钉按顺序合在一起放在塑料垫上。然后捏住塑料垫的边端,用六角扳手把紧固螺钉向右拧紧。拆砂轮时,跟安装时一样,用一只手抓住塑料垫,另一只手用六角扳手向左松紧固螺钉。

(2)维护与保养。

1)定期更换和检查碳刷。当碳刷磨损到5~6 mm时,就需要更换。

2)定期检查导线有无破损,工具是否绝缘。当不使用时,工具应置于干燥处。

3)经常检查安装螺钉是否紧固,若发现螺钉松了,应立即重新扭紧。

4)保持工具手柄清洁、干燥,并避免油脂污染。

5)工具使用完毕后应清理干净并按工具使用说明及时加润滑油并更换失效的零部件。

(3)安全操作规程。

1)使用前必须留意工具铭牌上的运转电压及使用范围。

2)将插头插入电源插座以前,须检查工具的开关是否关着。

3)操作前,须仔细检查工具的各部分是否有损坏,损坏的程度是否影响工具的正常性能。检查所有可移动部分是否在正确位置,必须固定的部分是否紧固等。

4)接电源前先检查工具的开关操作是否灵活,扣上扳机再放松,扳机开关是否能够弹回原位(关闭)。

5)必须在适当的转速下使用工具。

6)只有用手拿起工具后方可操作,不可脱手放开正在转动的工具。

7)除非电源插头已从电源插座拔下,否则绝不可接触活动部件。

8)使用完毕在停止转动前,不要将工具立刻放在有许多细屑、污物和灰尘的地方。

9)勿使工具受撞击,以免导致砂盘破裂。

10)防止过载操作。

11)按使用说明书定时更换砂轮。

12)工具不用时一定要拔开电源插头。

3. 砂带磨光机

砂带磨光机适用于木制品表面磨光、磨砂。

(1)使用方法。

1)调节砂带的位置。按下开关键,把砂带调到检测位置,向左或向右旋转调节螺钉,固定好砂带的位置,使砂带边缘与驱动轮边缘有2~3 mm空隙。如果操作中砂带有位移,可进行调节。

2)用一只手抓住手柄,另一只手调节速度旋钮,启动机器,保证工具与工件表面轻轻接触。

3)要以恒定的速度和平衡度来回移动工具。

4)选择合适的磨光砂带。

5)边角磨光时用附件来完成。

(2)维护与保养。

1)按工具使用说明及时加润滑油及更换失效的零部件。尤其是砂带磨损大就应及时更换。

2)保持工具清洁。使用完毕后应将缝隙机壳等处擦干净。

3)检查螺钉有无缺损锈蚀,若有应及时装配齐全并加油,将松动螺钉拧紧。

4)定期检查导线有无破损。

5)定期更换和检查碳刷。当其磨损达到5～6 mm时,就需要更换。要保持碳刷清洁,并使其在夹内能自由滑动。

(3)安全操作规程。

1)使用前必须留意工具铭牌上的运转电压及使用范围。

2)工具操作前,须仔细检查工具的各部分是否有损坏,损坏的程度是否影响工具的正常性能。检查所有可移动部分是否在正确位置,必须固定的部分是否紧固等。

3)将插头插入电源插座之前,须检查工具的开关是否关着。

4)接电源前检查工具的开关操作是否灵活,扣上扳机再放松,扳机是否能够弹回原位(关闭)。

5)当机器与工件表面接触时,绝不能打开开关,否则将损坏工件。

6)必须在适当的转速下使用机具。

7)只有用手拿起工具后方可操作,不可脱手放开正转动的工具。

8)断开电源前绝不可用手接触活动部件。

五、钉枪类机具

在装饰木工中,钉枪类机具也是必不可少的,常用的有射钉枪、打钉枪等。

1. 射钉枪

射钉枪是现代装饰装修中一种新型的紧固工具。

(1)使用方法。

1)机具嘴朝上,钉尖朝下滑入装钉器内。

2)把装钉器翻起,并对准内套嘴。

3)把装钉器上的装填把手尽量往回推,钉装好后,把装钉器回复到原来位置。

4)弹药夹由柄底插入,必须先装好钢钉,才可插入弹药。

5)检查撞击力调节器的位置是否正确。

(2)维护与保养。

1)各紧固调节螺栓、蝶形螺母及转动轴要保持转动灵活,定期上油。

2)射击中如活塞筒动作不灵活,应清除活塞筒外面及套筒里面的火药残渣。

3)机具操作完毕必须清洁干净。

4)机具使用完毕后,要有固定的机架存放,以免受到挤压和磕碰,而使零件变形或损坏。

(3)安全操作规程。

1)操作前检查所有安全装置必须完好有效。

2)射钉枪的选用必须与弹、钉配套。

3)电源线应挂好或放在安全的地方,而不要随地拖拉、乱放或接触油及锋利之物。

4)基体必须稳定、坚实、牢固。在薄墙、轻质墙上射钉时,基体的另一面不得有人。

5)射击时,握紧射钉枪,枪口与被固件应保持垂直。

6)只有在操作时,才允许将钉、弹装入枪内。装好钉、弹的枪,严禁枪口对人。

7)发现射钉枪操作不灵时,必须及时将钉、弹取出。

8)如有异常现象,应立即停机,拔下电源插头方可检查维修。

9)射钉枪每天用完后,必须将枪机用煤油浸泡擦净,然后涂上油存放。

10)操作人员必须经过培训,按规定程序操作。

2. 打钉枪

打钉枪是用于紧固装饰木工工程中木制装饰面、木结构构件的一种比较先进的工具。

(1)使用方法。

1)右手抓住机身,左手拇指水平按下卡钮,用中指打开钉夹一侧的盖。

2)把钉推入钉夹内,钉头必须朝下,而且必须在钉夹底端。

3)然后将盖合上,接通气泵即可使用。

(2)维护与保养。

1)保持机具清洁,每次工作完毕后,要清理整个机具。

2)要放松各紧固件,以防螺栓疲劳变形。

3)各紧固调节螺栓、蝶形螺母及转动轴要保持灵活,定期上油.以防锈蚀。

4)机具使用完毕后,要有固定的机架存放,以免受到挤压和磕碰,而使零件变形或损坏。

5)及时更换易损件,擦洗灰尘。

(3)安全操作规程。

1)操作前检查所有安全装置务必完好有效。

2)操作中的气钉枪充气压不超过 0.8 MPa。

3)钉枪口不能对着自己和其他人。

4)不使用钉枪时,钉枪需调整、修理,并取下所有的钉。

5)使用各种气钉枪时,都要戴上防护镜。

6)只能使用干燥的气体。

7)不可用于水泥、砖等硬基面。

六、其他木装饰机械

1. 木工雕刻机

木工雕刻机用于在木材上开各种不同形状的槽沟、凸面、凹面以及雕刻各种花纹图案等。

(1)使用方法。

1)先使刀头与工件接触,然后使止动杆紧靠切削深度设定螺钉,并用蝶形头螺栓将其锁紧。

2)松开蝶形头螺栓,拉出把手并转动把手调节标尺,使得止动杆上的标尺指针对准标尺上的“0”。然后,松开把手并旋紧蝶形头螺栓。

3)松开蝶形头螺栓,使止动杆能自由移动,然后转动把手使止动杆上的标尺指针与标尺上示出的所要求的切削深度相一致。完成调节以后,旋紧蝶形头螺栓锁紧止动杆。

4)利用此机具加工木线时将可调底面反紧固在台面下,将台面挖一孔使刀头露出可上下移动;台面上附以定位和压扶装置即可根据需要加工木线、装饰线等。

(2)维护与保养。

1)滑动部分要时常加润滑油。

2)要经常检查安装螺钉是否紧固,若发现螺钉松动,应立即重新扭紧。

3)要注意电动机的维护、定期清洁。

4)定期检查更换电机碳刷。当碳刷磨损到 5～6 mm 时,应及时更换,要保持碳刷清洁,并使其在夹内自由滑动。

5)定期做绝缘检查,发现有漏电现象时,应立即排除,特别是在潮湿环境操作时,要定期对电机做干燥处理。

(3)安全操作规程。

1)使用前务必留意工具铭牌上的运转电压及使用范围。

2)操作中,一定要握住两根手柄。

3)操作中及操作完毕刀头热时,不可用手碰刀头。

4)如有异常情况,应立即停机,拔下电源插头方可检查维修。

5)电源线应挂好或放在安全的地方,而不要随地拖拉、乱放或接触油及锋利之物。

2. 木工修边机

木工修边机适用于装饰木工修整木制品的棱角、边框、开槽，适用各种作业面使用。是一种先进的木制品加工工具，而且容易操作。

(1)维护与保养。

1)保持机具的清洁，每次工作完毕，要清理整个机具。

2)机具使用完毕后，要用固定的机架存放，以免受到挤压和磕碰，而使零件变形或损坏。

3)各紧固调节螺栓、蝶形螺母及转动轴要保持灵活，定期上油，以防锈蚀。

4)定期做绝缘检查，发现有漏电现象时，应立即排除，特别是在潮湿环境操作时，要定期对电机做干燥处理。

5)安装刀头时应使刀头完全插入套爪夹盘孔之后，用扳手拧紧套爪夹盘。拆卸刀头时，要按安装步骤的相反顺序进行。

(2)安全操作规程。

1)操作前检查所有完全装置必须完好有效。

2)确认所使用的电源与工具铭牌上标出的规格相符。

3)操作中，要双手握住手柄同时工作。

4)如有异常情况，应立即停机，切断电源，及时维修。

5)电源线应挂好或放在安全的地方，而不要随地拖拉、乱放或接触油及锋利之物。

第三章 吊顶工程

第一节 吊顶的分类

吊顶装修可采用多种材料和不同的结构形式，以适应不同的技术、装饰要求。

吊顶按结构材料分有木吊顶、轻钢龙骨吊顶、铝合金吊顶等。

吊顶按结构形式分为直接式吊顶和悬挂式吊顶。

吊顶按面板材料不同分为实木板吊顶、木制材料吊顶、板条抹灰吊顶、石膏板吊顶、矿棉水泥板吊顶、金属吊顶、塑料系列吊顶和玻璃吊顶等。

吊顶又可分为暗龙骨吊顶和明龙骨吊顶。

第二节 木吊顶

(1)木吊顶的种类和构造。

在钢筋混凝土板下木吊顶的种类和构造见表 3-1。

(2)木吊顶的施工工艺。

1)吊顶搁栅。

①吊顶搁栅安装前先按设计要求弹线找平，并找出起拱度，一般为房间宽度的 1/200。

②沿墙纵向应预埋木砖，间距 1m 左右，用以固定安装搁栅的方木。

③搁栅的接头，凡断裂、大节疤处都需用双面夹板钉牢，且接头位置应错开。

④吊顶搁栅的间距为 400 mm，如为轻质板材吊顶时，搁栅的间距以 400～600 mm 为宜，并应符合所用板材的规格。吊木应交错地固定于吊顶搁栅地两侧。

2)板条吊顶。

①板条接头应在吊顶搁栅上，不应悬空，在同一线上每段接头长度不宜超过 50cm，同时必须错开。

②板条需用锯锯断，不应用斧砍。板条两端各钉两个 25 mm 钉子，中间钉一个钉子。

③板条接头一般应留 3～5 mm 地缝隙，板条间地灰口缝隙一般为7～10 mm。

④采用清水板条吊顶时，板条必须三面刨光，断面规格一致。

表 3-1　　钢筋混凝土板下木吊顶的种类和构造

吊顶种类	构造简图	说明
肋形板下板条吊顶	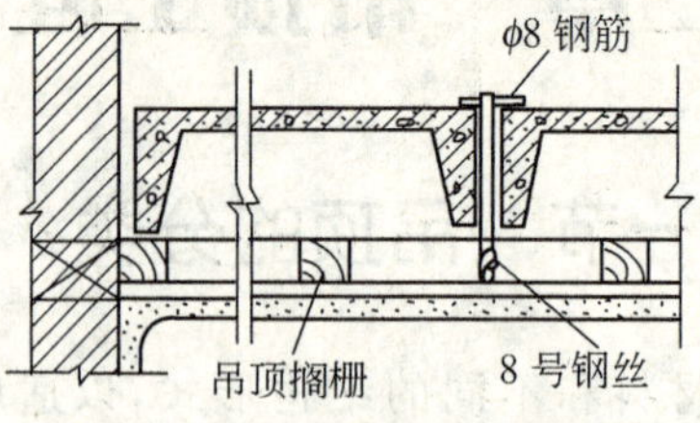	在肋形板缝上面放 ϕ8 短钢筋头，用 ϕ8 号钢丝一端固定在短钢筋上，另一端与吊顶搁栅绑扎拧紧，在吊顶搁栅下面钉灰板条
先浇钢筋混凝土板下板条吊顶	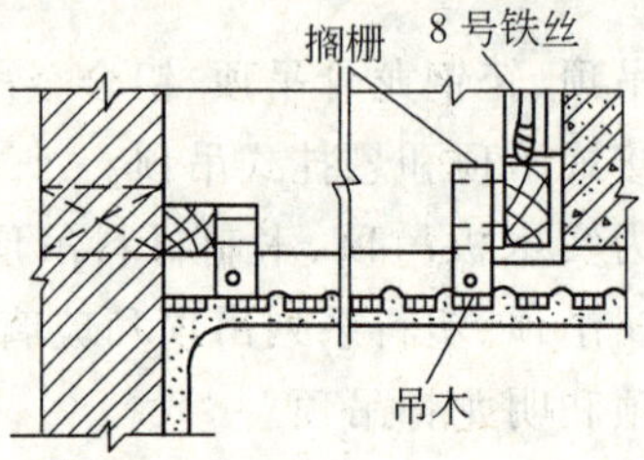	在现浇混凝土板中预埋8 号铁丝，在顺梁方向绑扎固定搁栅，再用吊木固定吊顶搁栅，下面钉灰板条
木丝板吊顶	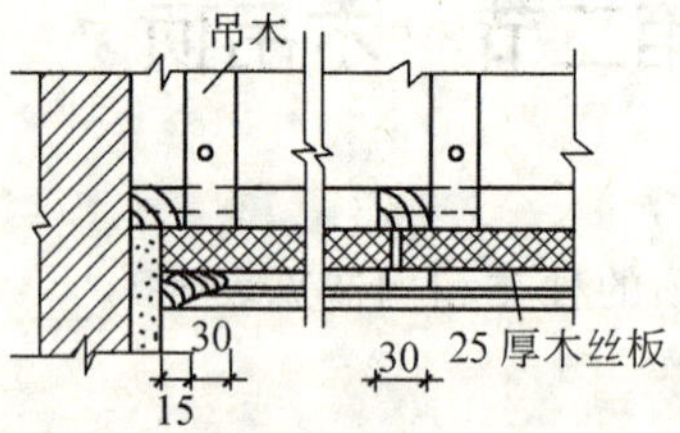	搁栅和吊顶搁栅固定方法同上，但吊顶搁栅的间距应根据木丝板的尺寸确定，在吊顶搁栅下面钉木丝板，接缝处加压条

3)木板吊顶。

①刨出的木板宽窄、厚薄要一致，错口要直，要严密。

②钉帽必须砸扁，顺木纹钉入板内 3 mm，钉行要直，间距要均匀，板子接头要错开，并锯齐。

③裁口板需倒棱，一般沿墙边须加盖口条。

第三节　轻钢龙骨吊顶

轻钢龙骨是安装各种罩面板的骨架，为木龙骨的换代产品。

轻钢龙骨一般采用薄钢板或镀锌铁皮卷压成型，它配以不同材质，不同花色的罩面板不仅改善肋建筑物理热学、声学特性，也直接形成了不同的装饰艺术和风格，因而广泛应用于影剧院、音乐厅、会堂等较大的地方。

(1)主要结构。

轻钢龙骨罩面板吊顶主要有两大部分组成。一部分是由主龙骨、次龙骨、横撑龙骨及其配件构成的龙骨体系如图 3-1 所示。另一部分是各种罩面板，这就构成了轻钢龙骨罩面板施工体系。

龙骨按断面形状分为 U 型龙骨和 C 型龙骨。图 3-2 所示为 CS60 和 C60 两种系列的龙骨及其配件。

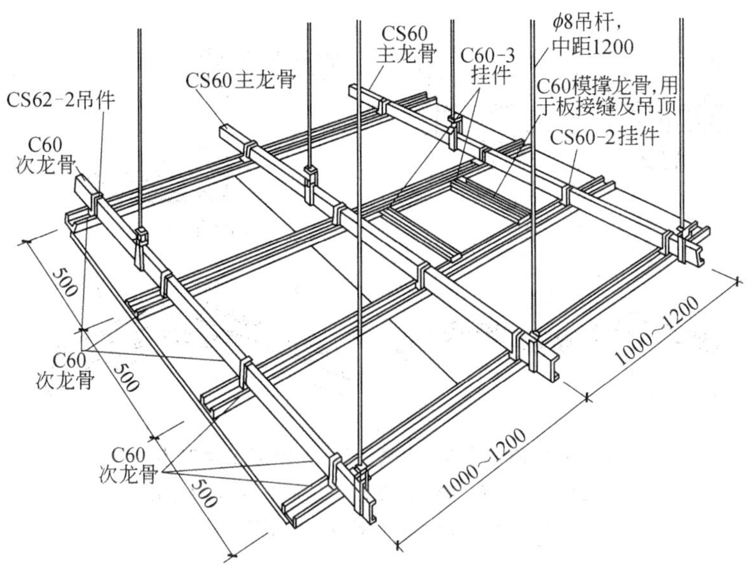

图 3-1　U 型上人吊顶龙骨安装示意图

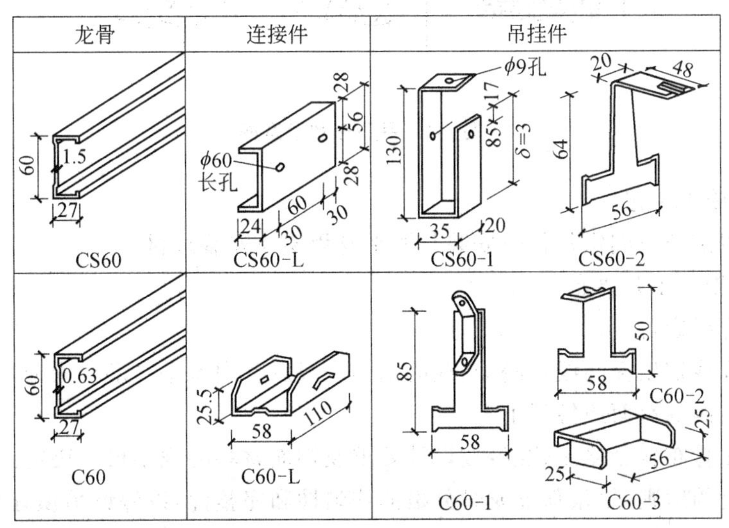

图 3-2　CS60、C60 系列龙骨及其配件

罩面材料主要有石膏板和矿棉板。

(2)轻钢龙骨的分类。

1)按吊顶的承载能力,可分为上人吊顶和不上人吊顶。

2)按吊顶形状,可分为平吊顶、人字形吊顶、斜面吊顶和变高度吊顶,如图3-3所示。图3-4为吊顶形状示意图。

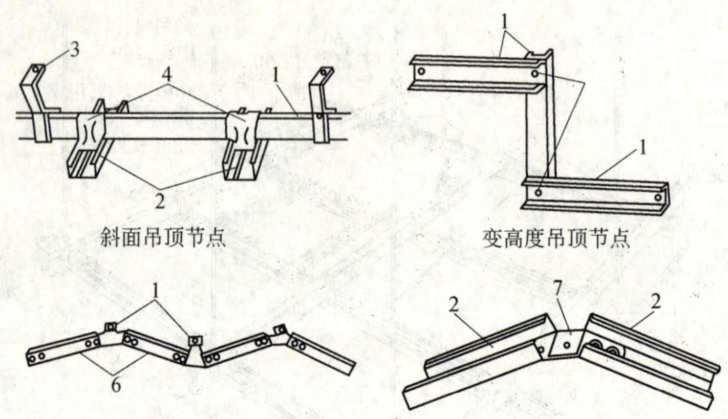

图3-3 斜面吊顶、变高吊顶、人字形吊顶节点

1—主龙骨;2—次龙骨;3—主龙骨吊挂件;4—次龙骨吊挂件;
5—螺丝;6—大龙骨插挂件;7—中龙骨插挂件

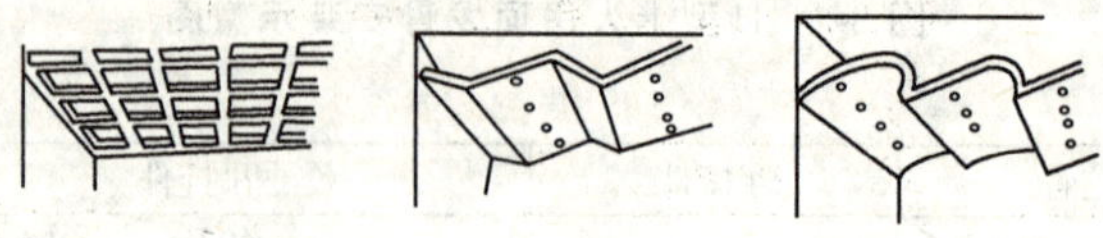

图3-4 吊顶形状示意图

(3)施工工艺。

弹线定位→固定吊杆→安装与调平龙骨架→安装板材

(4)施工工艺要点。

1)弹线定位。

①弹线定出标高线:弹标高线的基准一般以室内水平基准线为准,吊顶标高线可弹在四周墙面或柱子上。

②龙骨布置分格定位线:按设计要求及饰面材料的规格尺寸决定。

布置的原则:尽量保证龙骨分格的均匀性和完整性,以保证吊顶有规整的装饰效果。

2)固定吊杆。

①吊杆与结构的固定方式要按上人和非上人吊顶的方式来决定，如图 3-5、图 3-6 所示。

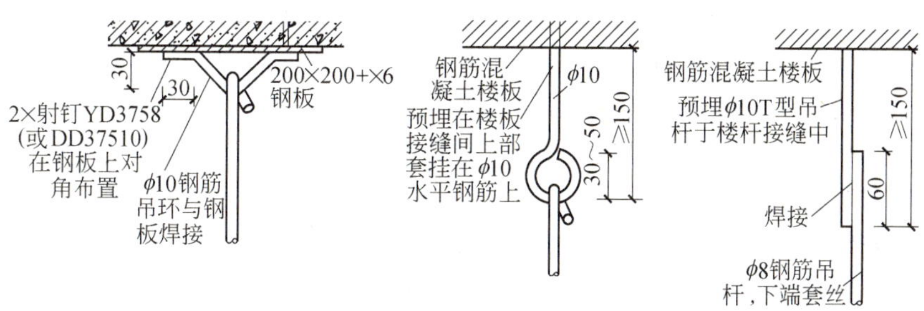

图 3-5 上人吊顶吊杆的连接

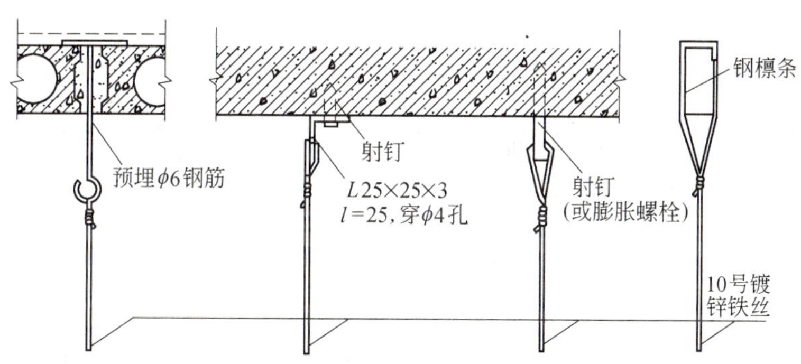

图 3-6 不上人吊顶吊杆的连接

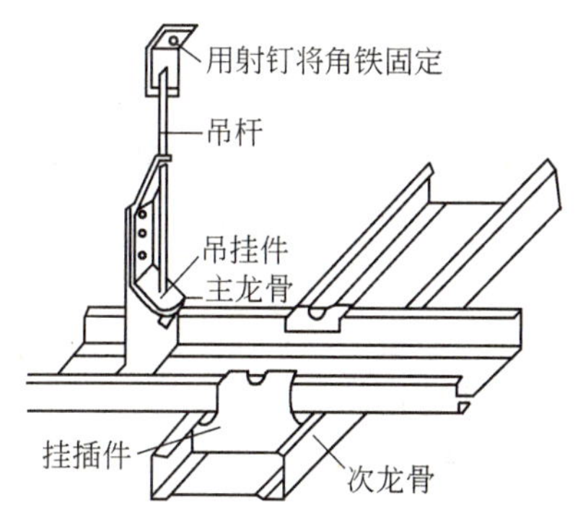

图 3-7 不上人吊顶吊挂件安装示意

②吊杆的距离一般为 900～1500 mm，其大小取决于荷载。一般为 1000～1200 mm。

③非上人吊顶可采用伸缩式吊杆，它的特点可以进行调整。

3)安装与调平龙骨架

①用吊杆将各条主龙骨吊起到预定高度，并进行校正。

②主龙骨、次龙骨、挂插件及吊挂件和吊杆的连接关系，如图 3-7 所示。

③主龙骨的间隔定位。先在数条长木方上按主龙骨的间隔钉上一排铁钉，再将长方木条横放在主龙骨上，并用铁钉卡住各主龙骨，使其按规定间隔定位。长木方条的两端应钉在两边的墙上。

如果吊顶没有主、次龙骨之分、其纵向龙骨的安装也按此方法进行。

④用连接件(挂插件)把龙骨安装在主龙骨上,并进行固定,其方法可参见图3-7。次龙骨的安装间距应按施工图规定安装。如果施工图未标出间距,则需要根据饰面板尺寸来考虑间距,通常两条次龙骨中心线的间距为 600 mm,如图3-8所示。次龙骨的安装程序,一般是按照预先弹好的位置,从一端依次安装到另一端,如有高低跨时,则先装高跨部分,后装低跨部分。

4)安装板材。

①安装形式:轻钢龙骨石膏板吊顶的饰面板一般可分为两种类型:一种是基层板需要在板的表面做其他处理;另一种板的表面已经做过装饰处理(即装饰石膏板类),将此板固定在龙骨上即可。固定方法用自攻螺钉将饰面板固定在龙骨上,自攻螺钉必须是平头的,如图 3-9 所示。

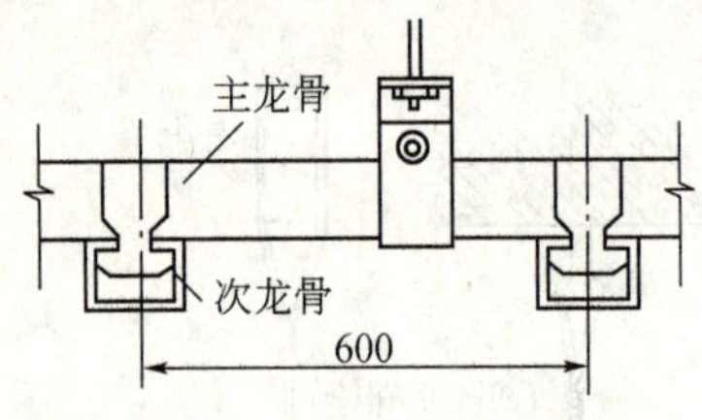

图 3-8　次龙骨定位、安装

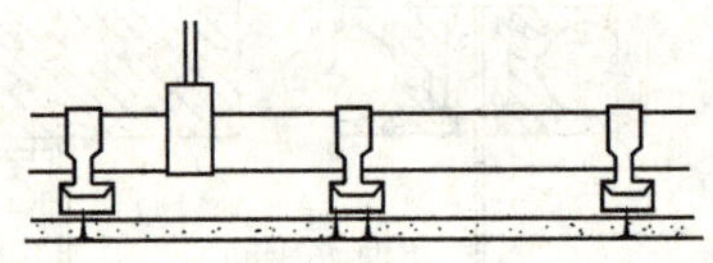

图 3-9　用自攻螺钉固定饰面板

②板材安装方法:基层板的定位及铺面固定时,应采取在吊顶面上交错布置的方法,以便减少变形量和对接缝集中在一起的现象。用自攻螺钉固定板面,其间距一般为 150～200 mm,且螺钉帽必须沉入板面内 2～3 mm。固定板面时,应注意控制拼缝的平直。控制具体作法是按板的规格尺寸,拉出纵横的拼缝控制线,按线对缝固定。

5)特殊部位的处理(收口处理)。

①吊顶与墙柱面结合部处理:一般采用角铝做收口处理,其结合方式可分为平接式或留槽式,如图 3-10 所示。

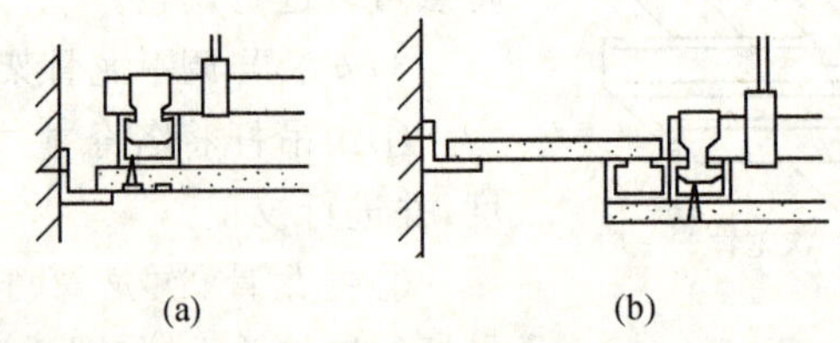

图 3-10　吊顶与墙柱面结合

(a)平接式;(b)留槽式

②吊顶与窗帘盒的结合部处理：一般采用角铝或木线条做收口处理，其方式如图 3-11 所示。

③吊顶与灯盘的结合处理：安排灯位时，应尽量避免使主龙骨截断，如果不能避免，应将断开的龙骨部分用加强的龙骨再连接起来，如图 3-12 所示。灯槽的收口也可用角铝线与龙骨连接。

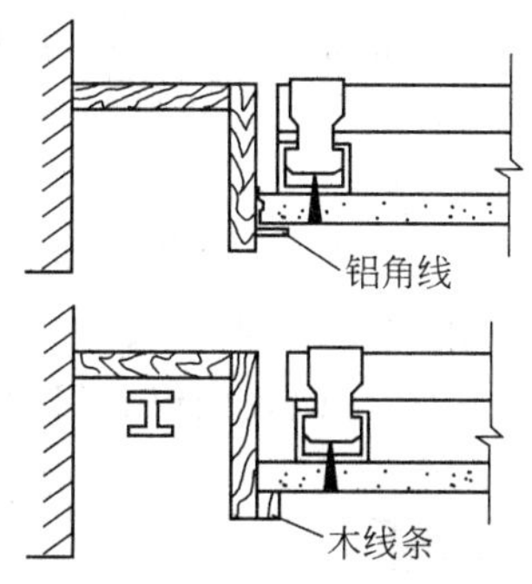

图 3-11 吊顶与窗帘盒的结合

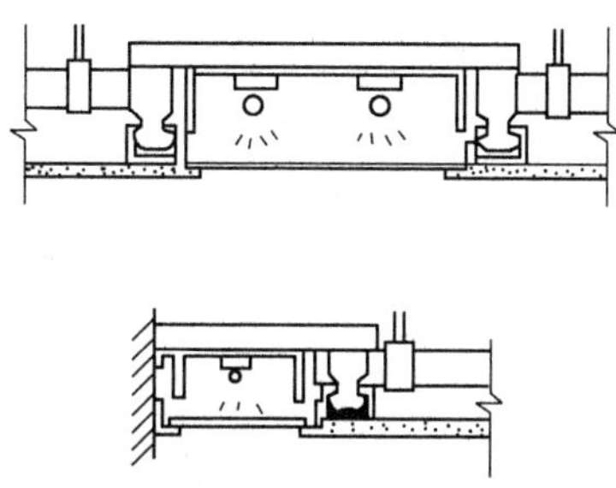

图 3-12 吊顶与灯盘的结合

第四章　隔墙工程

建筑物内部房间或空间常常要分割，这就产生了隔墙或隔断。隔墙或隔断本身不要求承重，也要求其且身重量轻，占地面积小，即厚度薄，拆装方便和具有一定刚度及隔声能力。

木质隔断墙包括两类：活隔断（可装拆、推拉和移动折叠式）和死隔断（长久性隔断），具体做法和种类很多，木质隔断墙一般采用木龙骨、木拼板、木板条、胶合板、纤维板等材料。许多都是与其他材料混合使用。在此我们仅介绍两种。

第一节　木龙骨隔断

一、木隔断构造及施工操作要点

1. 木隔断构造

木隔断主要用于厕所、淋浴间的隔断，一般木隔断高度为 1400 mm，如为低式隔断时，一般高度为 800～1000 mm，其构造见图 4-1。

2. 木隔断施工操作要点

(1)注意打孔的位置应与骨架横向框料错开位。在需要固定木隔断墙的地面和建筑墙面，画出固定点的位置，防止偏移。

(2)用作木隔断的木料，应采用红松或杉木，含水量不得超过允许值的规定。

(3)木隔断安装完毕后，必须保持隔板平直、稳定，连接完整、牢固。

(4)所有露明木材均需刷底油一道，罩面漆两道。

(5)木隔断门扇小五金必须按图装配齐全，一般设有 $L=75$ mm 的普通铰链 2 个，$L=100$ mm 拉手 1 个，$L=75$ mm 普通插销 1 个。

二、木龙骨隔断墙的施工操作要点

1. 木龙骨隔断墙构造

木龙骨隔断墙通常采用木龙骨作为结构骨架，面层有胶合板、纤维板、木丝板，也有钉木板条抹纸筋灰罩面。隔断结构由上槛、下槛、立筋、横撑、板条或板材组成。其构造见图 4-2 所示。

2. 木龙骨隔断墙施工工艺及操作要点

(1)画线定位置。在需要固定木隔断墙的地面和建筑墙面，弹出隔断墙的宽度线和中心线。同时，画出连接固定点的位置，通常按 300～400 mm 的间距在

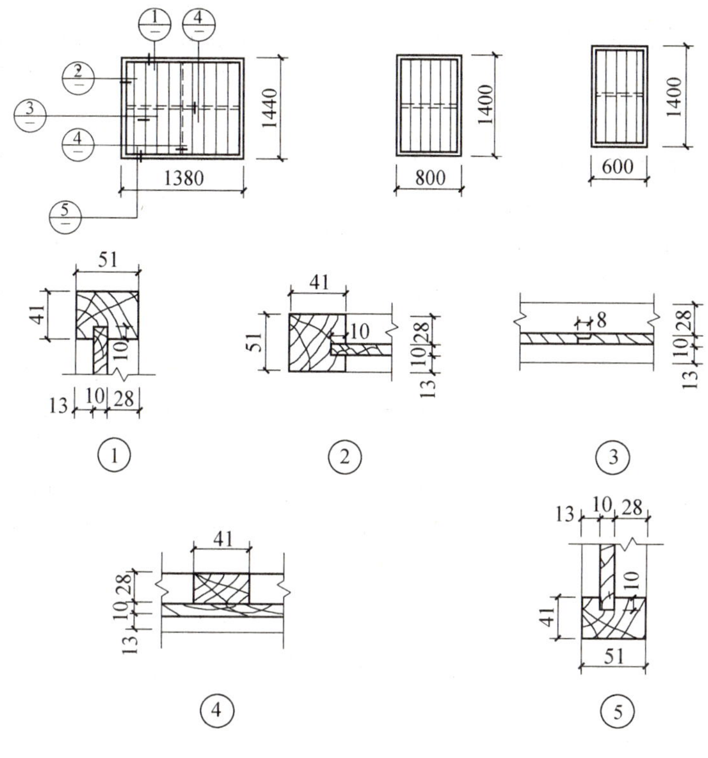

图 4-1 木隔断(单位:mm)

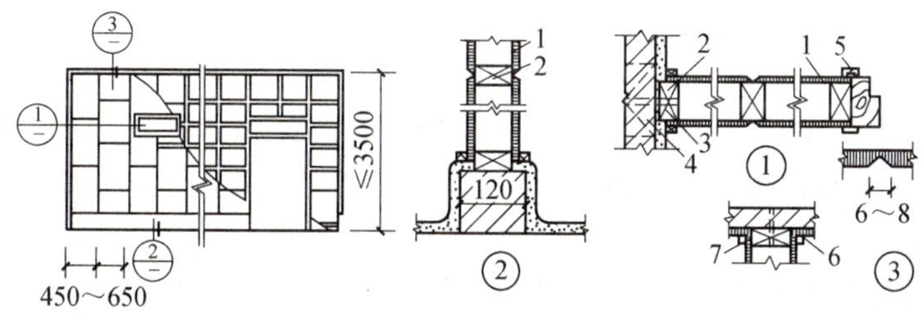

图 4-2 板材隔墙

地面和墙面画出。

(2)打孔。用 $\phi10$ 或 $\phi12$ 的钻头在中心线上打孔,孔深 45 mm 左右,向孔内放入 $\phi6$ 或 $\phi8$ 的膨胀螺栓。注意打孔的位置应与骨架竖向木方错开位。如果用木楔铁钉固定,就需打出 $\phi20$ 左右的孔,孔深 50 mm 左右,再向孔内打入木楔。

(3)固定立筋木龙骨。先立墙筋,立筋木龙骨间距应与板材规格配合,一般为 400～600 mm。按对应地面、墙面、顶面固定点的位置,在木骨架上画线,标出固定点位置。

(4)对于半高矮隔断墙来说，主要靠地面固定和端头的建筑墙面固定。如果矮墙隔断面的端头处无法与墙面固定，常用铁件来加固端头处，加固部分主要是地面与竖向木方之间。

(5)对于各种木隔断的门框竖向木方，均应采用铁件加固法，否则，木隔墙将会因门的开闭振动而出现较大颤动，进而使门框松动，木隔墙松动。

(6)钉面板。板缝 3～7 mm，且用木压条盖住。并注意以下几点。

1)胶合板钉压前要注意相邻面的颜色、纹理，应尽可能相近，以保证安装后美观一致。

2)用钉子固定时，胶合板钉距为 80～150 mm，钉子为 25～35 mm，钉帽应打扁并钉入板面 0.5～1.0 mm，钉眼用油性腻子抹平。这样，才可防止板面空鼓翘曲，钉帽不致生锈。

3)用木压条固定胶合板时，钉距不应大于 200 mm，钉帽亦应打扁钉入木压条面 0.5～1.0 mm，但选用的木压条应干燥无裂纹，打扁的钉帽应顺木纹打入，以防开裂。

第二节　轻钢龙骨石膏板隔断

施工工艺及操作要点。

(1)基层处理：安装隔断墙之前，先将工作面处的楼地面、楼板梁底面等清理干净，如有凸出底砂浆混凝土等，均应剔凿平整。

(2)弹线：弹线包括两个方面，一个是墙体的位置，另一个是轻钢龙骨的重载。

1)墙体位置线：根据施工图来确定隔断墙的位置、隔墙门窗位置，包括在地面上的位置、墙面位置和高度位置，以及隔墙的宽度。并在地上和墙面上弹出隔断的宽度线和中心线。

2)按所需龙骨的长度尺寸，对龙骨进行画线配料。配料的原则是先配长料，后配短料。

(3)龙骨的固定。

1)固定沿地、沿顶龙骨：用射钉枪(或冲击钻)分别将沿地龙骨、沿顶龙骨及沿墙龙骨按边线准确地固定在楼板、地面，屋顶和墙上等处，射钉距离一般在 800 mm 以内，并且固定是要与竖向龙骨位置错开。如有隔声要求，沿地及沿顶龙骨与顶面或地面的接触面应用密封膏或泡沫密封条进行处理。

两端靠墙立柱用射钉枪固定在立墙上，射钉间距不大于 1 m；也可用冲击钻打眼，然后用膨胀螺栓固定，如图 4-4 所示。

2)轻钢龙骨的连接:轻钢龙骨隔墙的骨架分格,可按施工图进行。如果施工图中没有标明骨架的分格尺寸,则需根据石膏板或其他板材的尺寸,进行骨架分格设置。

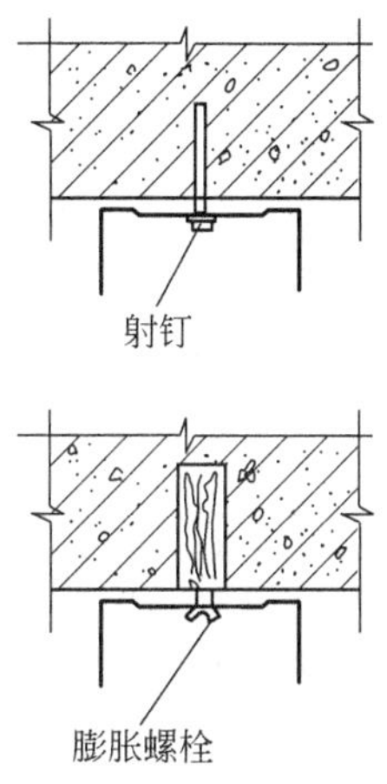

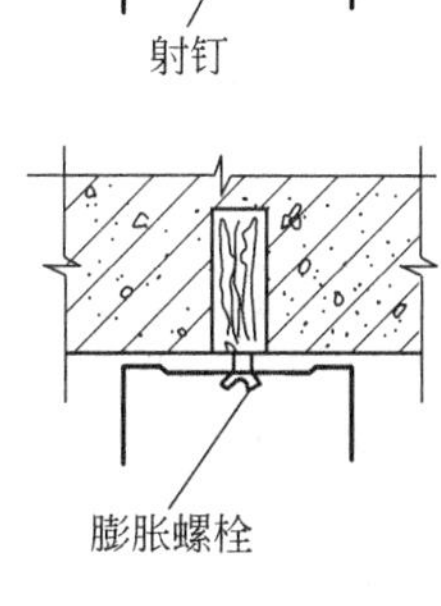

图 4-4　龙骨常用的固定方法

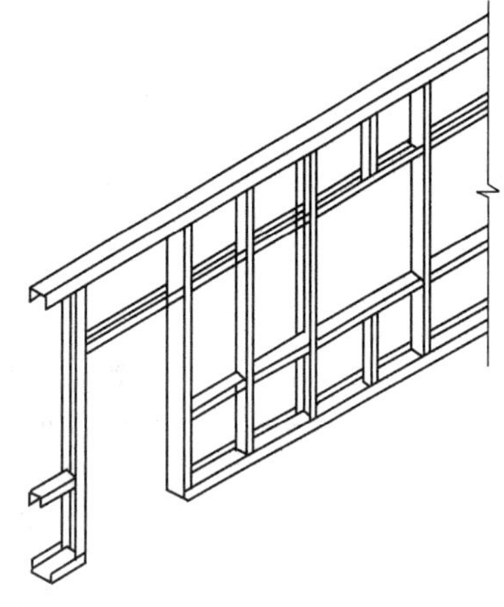

图 4-5　轻钢龙骨隔断墙的骨架分格

轻钢龙骨隔墙的骨架分格是按竖向龙骨的间隔来分格。在门框、窗框处;用沿地龙骨作为横撑支杆来组成框格(图 4-5),或隔断墙不低于 3.5 m 时,可在竖向龙骨之间加专用横向加强龙骨条。

按沿地及沿顶龙骨之间的净距切割竖龙骨,并依次装入,立柱间距为 400～600 mm,校正其垂直度后,将竖向龙骨与沿地沿顶龙骨固定起来。固定的方法有三种,如图 4-6 所示。

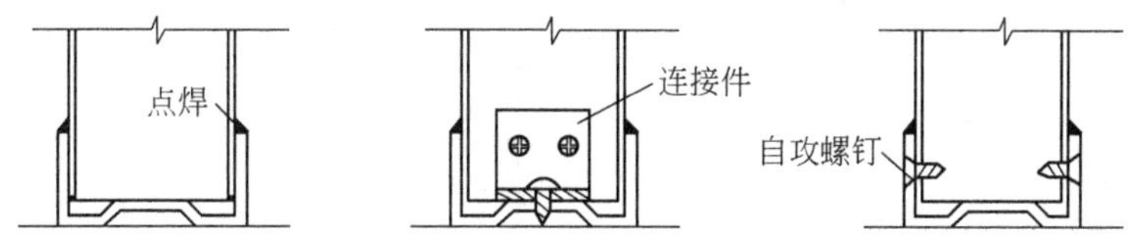

图 4-6　轻钢沿地沿墙龙骨连接方式

竖向龙骨需要接长时,可用 U 型龙骨套在竖向龙骨接缝处,然后用铆钉或自攻螺钉固定,如图 4-7 所示。

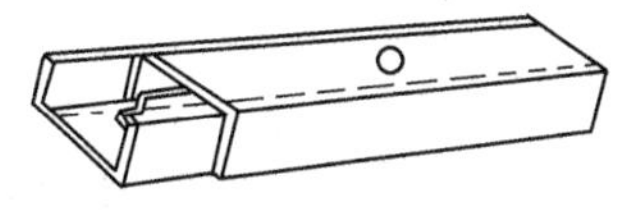

图 4-7　竖向龙骨接长示意图

木门框与竖向龙骨的连接有多种作法,具体作法如图 4-8 所示。

(4)安装板材。

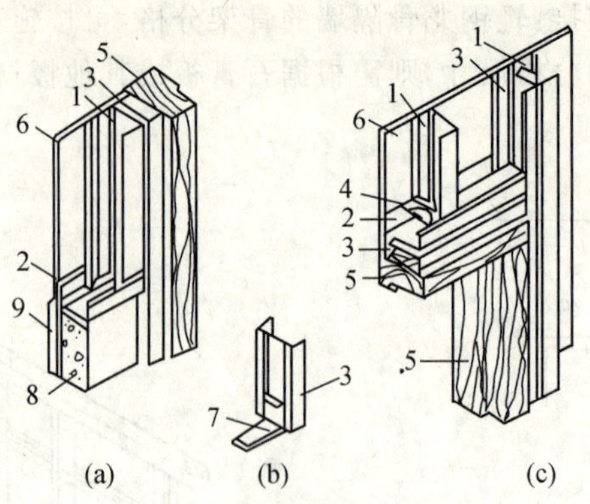

图 4-8　木门框与龙骨的连接

(a)木门框处下部构造；(b)用固定件加强龙骨连接；(c)木门框处上部构造

1—竖龙骨；2—沿地龙骨；3—加强龙骨；4—支撑卡；5—木门框；

6—石膏板；7—固定件；8—混凝土踢脚座；9—踢脚板

轻钢龙骨隔墙的饰面基层板通常使用石膏板。石膏板安装如下：

1)在立柱的一侧，先将石膏板按位置立好，然后一人扶稳，另一人用 3.5 mm×25 mm 自攻螺钉将石膏板固定于立柱上，螺钉间距：板缝处为 200 mm，非板缝为 300 mm。安装完一侧石膏板后，按设计要求在隔墙空腔内敷设工程管线及填充材料。接着，用同样方法固定另一侧石膏板。为提高隔声效果，两侧石膏板应错缝安装。

2)如需安装两层石膏板时，两层接缝应互相错开，并用 3.5 mm×35 mm 的自攻螺钉将第二层石膏板固定在立柱上，如图 4-9 所示。

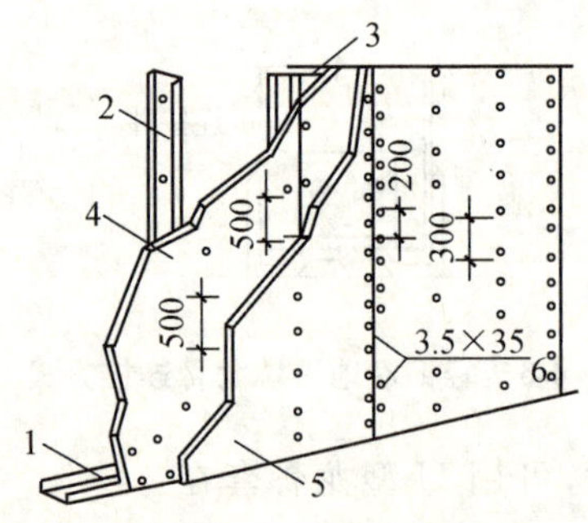

图 4-9　石膏板隔墙施工示意图

1—沿地龙骨；2—竖龙骨；3—沿顶龙骨；4—第一层石膏板；5—第二层石膏板；6—自攻螺钉

3)石膏板宜竖向铺设，长边接缝应落在竖向龙骨上，这样可提高隔断墙的整体强度和刚度;若横向铺设,不要加竖向龙骨的横撑,并尽量使石膏板的短边落在骨架上,否则必须加背衬石膏板。

4)当龙骨两侧均为单层石膏板时,两侧的板材接缝不能留在同一根竖向龙骨上;当铺两层石膏板时,龙骨同侧内外两层石膏板的缝,不能落在同一根竖向龙骨上。这样就避免了接缝过于集中,并弥补隔断强度、整体性及隔声性能等的缺陷。

5)隔断所用纸面石膏板,应尽量使用整板。必须切割时,应先用刀片切割正面纸并使切线位置处于平整工作台的边缘,然后沿切割线向背纸面方向掰断,最后切割背纸面,如图 4-10 所示。

石膏板对接时应靠紧,但不得强压就位,以免产生内应力。

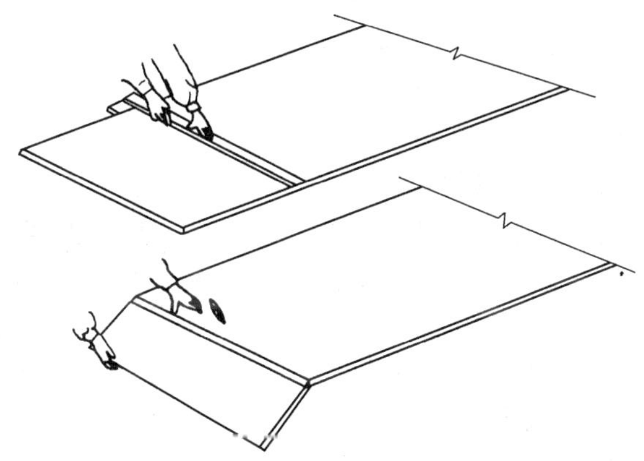

图 4-10 石膏板的切割

第五章　木门窗工程

第一节　木门窗的构造

一、木门的构造

1. 木门的各部分名称

木门一般是由门框(门樘)、门扇及五金零件组成。门框由边梃、冒头、中贯档组成。门扇是由门梃、冒头、中梃和门心板(门肚板)等组成。木门各部分名称如图5-1所示。

2. 木门的结合

现以镶板门为例,说明其构造。

(1)门樘结合:门樘结合是门樘边梃与门蝗冒头的结合。在樘子冒头两端打眼,樘子梃端头做榫。当采用立樘子(即先立樘后砌墙)施工时则应在樘子冒头两端留出走头,走头一般长约120 mm,如图5-2所示。

樘子梃与中贯档的结合,是在中贯档两端作榫,在樘子梃上打眼。当采用立樘子时,应在樘子梃外侧凿出燕尾榫眼,每侧至少三个,以备砌墙时将燕尾榫木砖嵌入眼中固定门樘,如图5-3所示。

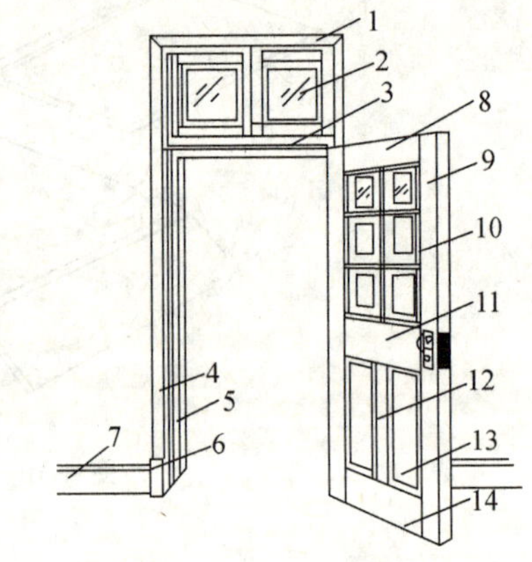

图5-1　木门的各部分名称

1—门樘冒头;2—亮子;3—中贯档;4—贴脸板;5—门樘边;6—墩子线;7—踢脚板;8—上冒头;9—门梃;10—玻璃芯子;11—中冒头;12—中梃;13—门肚板;14—下冒头

(2)门扇结合:门梃与上冒头结合,是在上冒头两端做榫,上半部做半榫,下半部做全榫,门梃上打眼,如图5-4所示。

门梃与中冒头结合,是在中冒头两端各做两个全榫和中间一个半榫,在门梃上打两个全眼及一个半眼,如图5-5所示。

门梃与下冒头结合,是在下冒头两端各做两个全榫及两个半榫,在门梃上打两个全眼及两个半眼,如图5-6所示。

门心板与门梃、冒头的结合,是在门梃和冒头上开凹槽,槽宽为门心板的厚度,门心板镶入凹槽中,板边离槽底为2～3 mm。

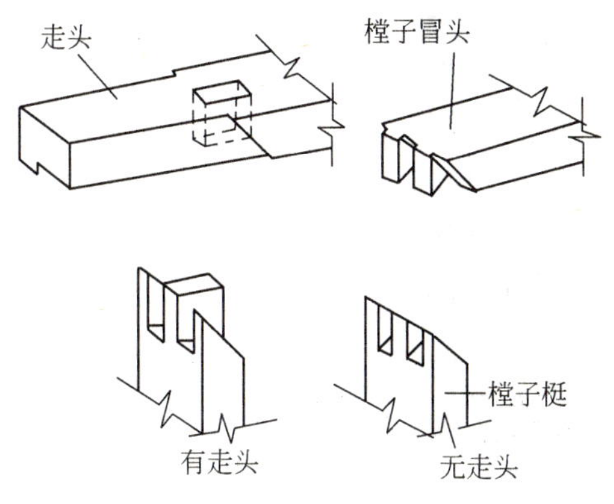

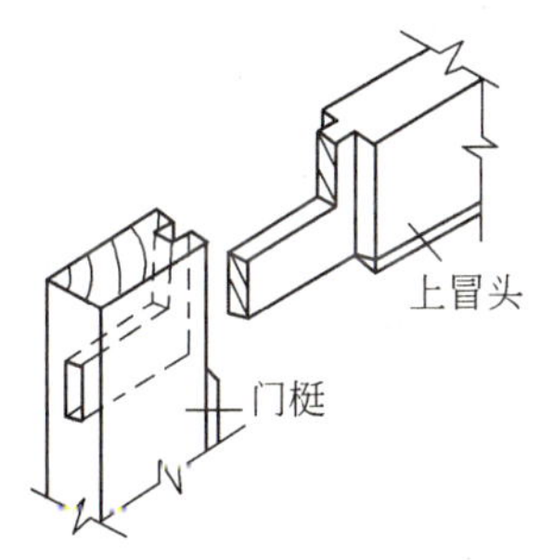

图 5-2　樘子梃与樘子冒头结合

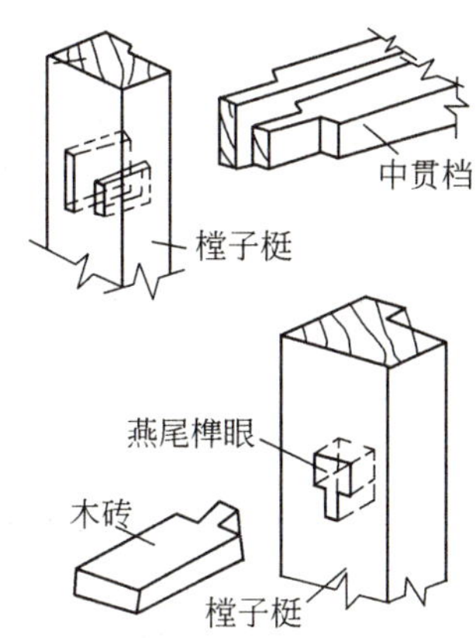

图 5-3　樘子梃与中贯档的结合

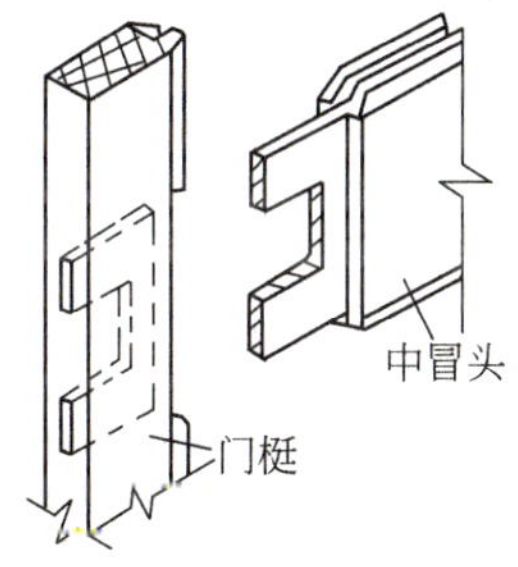

图 5-4　门梃与上冒头结合

图 5-5　门梃与中冒头结合

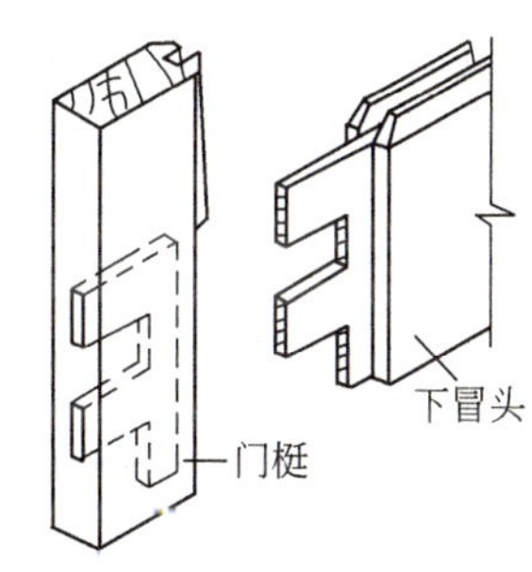

图 5-6　门梃与下冒头结合

二、木窗的构造

1. 木窗的各部分名称

木窗一般是由窗框、窗扇及五金零件组成，如图 5-7 所示。窗框由边框、中梃（三扇窗以上加设）上、下冒头、中贯档等组成。

窗扇是由窗梃、上、下冒头、窗棂子等组成。

2. 木窗的结合

（1）窗樘的结合：窗樘边梃与上、下冒头、中贯档的结合同门樘。

（2）窗扇的结合：冒头与窗梃的结合，是在冒头两端做榫，窗梃上打眼，如图 5-8 所示。窗梃和冒头均裁口，玻璃装入裁口内，用油灰或木条固定。

窗梃与窗棂结合，是在窗棂两端做榫，窗梃上打眼，如图 5-9 所示。窗梃、窗棂都裁口，玻璃装入后，用油灰或木条固定。

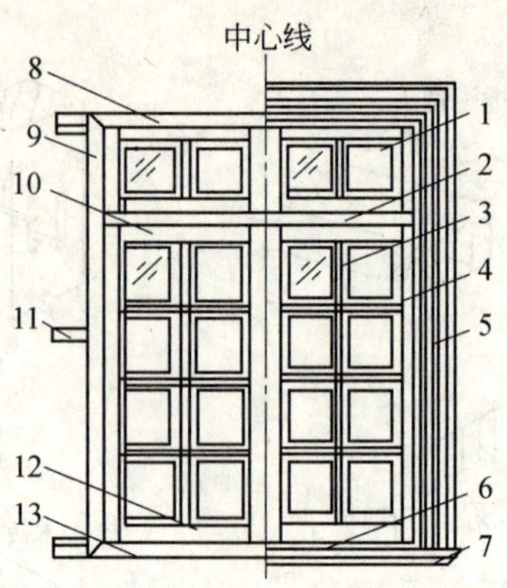

图 5-7　木窗各部分名称

1—亮子；2—中贯档；3—玻璃芯子；4—窗梃；5—贴脸板；6—窗台板；7—窗盘线；8—窗樘上冒头；9—窗樘边梃；10—上冒头；11—木砖；12—下冒头；13—窗樘下冒头

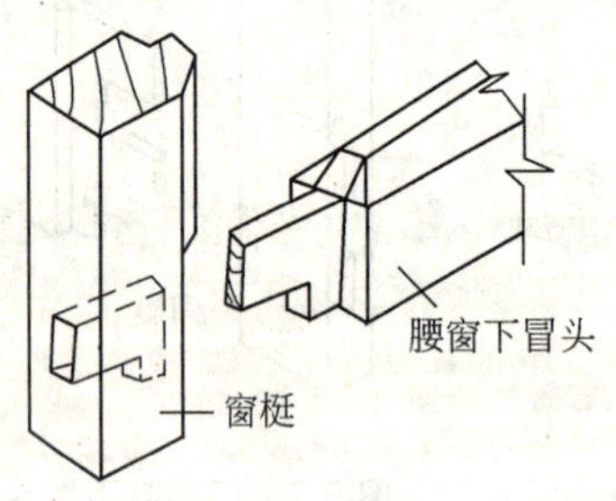

图 5-8　下冒头与窗梃结合

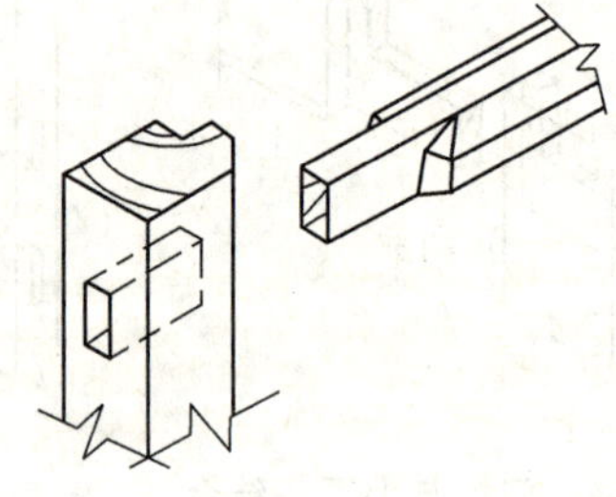

图 5-9　窗梃与窗棂结合

第二节　木门窗用小五金、玻璃

一、常用小五金

常见木门窗五金如图 5-10 所示。

1. 铰链

用于连接平开式门窗框与门窗扇。铰链有普通铰链、弹簧铰链、明铰链和暗铰链等形式，铰链尺寸的选择与门、窗大小有关。通常用 63 mm 长的铰链，纱窗用 50 mm 的，平开窗用 75 mm 的，单扇门用 10 mm 的，门窗 1 m 以上用 150～200 mm 的。所有窗扇必须装上下两道，弹簧门用弹簧暗铰链，纱门用弹簧明铰

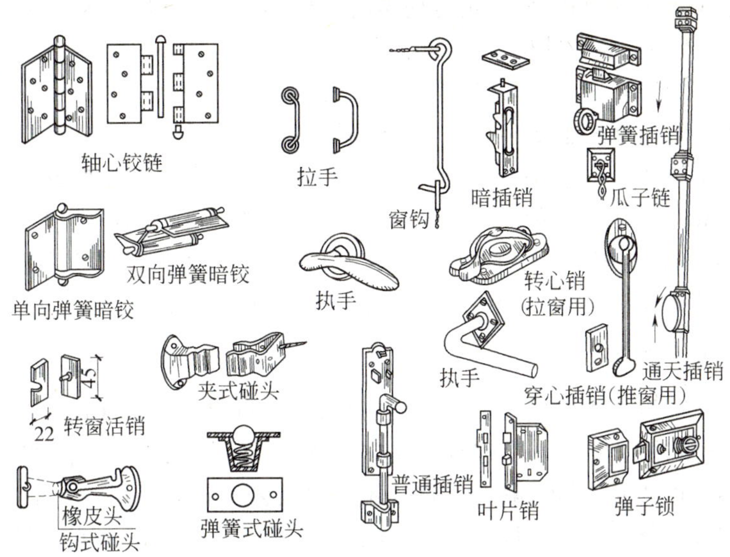

图 5-10　木门窗

链，当门窗大沉重时，则装三道铰链。

2. 插销

用于门窗扇关闭时的固定，插销种类有明插销、暗插销、通天插销和弹簧插销，分别用于平开式门窗、弹簧门、考究的长窗与门、转窗与翻窗。

3. 门锁

装在门框与门窗的边梃上，种类很多，常用的有弹子锁和执手锁两大类。执手锁又有片锁和弹子门锁两种，其中弹子门锁较安全。弹子锁安装在门梃外面；执手锁则镶在梃料内。

一般门窗有大型和小型两种，其执手的长度和中心离门梃的尺寸有差异，小型的执手长为 50 mm，大型的达 60 mm，小型中心离门边为 55 mm，大型为 70 mm。

4. 拉手、椎棍

装于弹簧门的门扇上，开门时使用。还供不装门锁的门扇使用，如纱门、厕所、隔间的小门等，也有用于窗扇的。

5. 门碰头

门扇开启后的固定装置，并有保护墙壁的作用，种类有钩式、夹式、弹簧式等，分别装在门扇、踢脚板或地板上。

6. 窗钩

窗扇开启后的固定装置，长度为 30～400 mm，平开窗一般用长 150 mm 或 200 mm，亮子可用长 100 mm 的风钩。

五金材料一般可用铁制，也有用塑料、铝合金的，高标准的采用铜制。转门、拉窗、推窗等均应装置特殊五金。升铰、转心销、穿心销、门顶弹弓、地弹簧和转门用滑轮（葫芦）转道等设备，这里不再赘述。

擦窗与五金及其他设备有关。对于高层、超高层建筑、除利用遮阳板或室外悬挂的擦窗特殊设施外，一般居住建筑外开式三窗扇（中间固定时）擦窗不安全，可采用长脚铰链。铰链轴心挑出窗面 100 mm，开启时能出现空隙，便于伸手擦窗。此外，还可将边扇的中间一块玻璃改为小窗。开启方向与大窗相反，这样就可伸手出小窗外上下擦窗，以解决边扇的擦窗问题。平时，小窗也可起透气的作用。

二、常用玻璃

玻璃在门窗工程中应用很广。玻璃是典型脆性材料，在冲击荷载作用下易破裂，热稳定性差，遇沸水易破裂，但它有较好的化学稳定性及耐酸性。

玻璃可以透光、透视、隔声、隔热，还可起到艺术装饰作用。其中，平板玻璃在建筑装饰装修工程中用量最多，它包括普通平板玻璃、安全玻璃及特种玻璃。

(1)普通平板玻璃。在建筑装饰装修工程中常用的普通平板玻璃是普通窗用平板玻璃，其厚度通常为 2、3、4、5、6、8、10、12 mm，其中应用最广的为 2 mm 和 3 mm，其尺寸为 200 mm×200 mm～1800 mm×2000 mm。各种平板玻璃的特点及用途见表 5-1。

表 5-1　　普通平板玻璃的特点和用途

<table>
<tr><th colspan="2">品种</th><th>工艺过程</th><th>特点</th><th>用途</th></tr>
<tr><td colspan="2">普通窗用玻璃</td><td>未经研磨加工</td><td>透明度好，板面平整</td><td>用于建筑门窗装配</td></tr>
<tr><td colspan="2">磨砂玻璃</td><td>用机械喷砂和研磨方法进行处理</td><td>表面粗糙，使光产生漫射，有透光不透视的特点</td><td>用于卫生间、厕所、浴室的门窗</td></tr>
<tr><td colspan="2">压花玻璃</td><td>在玻璃硬化前用刻纹的滚筒在玻璃面压出花纹</td><td>折射光线不规则，透光不透视，有使用功能又有装饰功能</td><td>用于宾馆、办公楼、会议室的门窗</td></tr>
<tr><td rowspan="2">彩色玻璃</td><td>透明彩色玻璃</td><td>在玻璃原料中加入金属氧化物而带色</td><td rowspan="2">耐腐蚀、抗冲击、易清洗，装饰美观</td><td rowspan="2">用于建筑物内外墙面、门窗及对光波有特殊要求的采光部位</td></tr>
<tr><td>不透明彩色玻璃</td><td>在一面喷以色釉，再经烘制而成</td></tr>
</table>

(2)安全玻璃。安全玻璃根据玻璃的生产工艺及特点分为钢化玻璃、夹丝玻璃、夹层玻璃、中空玻璃。各种安全玻璃的特点和用途见表 5-2。

(3)特种玻璃。特种玻璃分为热反射玻璃、吸热玻璃和变色玻璃,这里就不再赘述。

表 5-2　　安全玻璃的特点和用途

品种	工艺过程	特点	用途
钢化玻璃(平面钢化玻璃、弯钢化玻璃、半钢化玻璃、区域钢化玻璃)	加热到一定温度后迅速冷却或用化学方法进行钢化处理的玻璃	强度比普通玻璃大 3～5 倍,抗冲击性及抗弯性好,耐酸碱侵蚀	用于建筑的门窗、隔墙、幕墙、汽车窗玻璃、汽车、挡风玻璃、暖房
夹丝玻璃	将预先编好的钢丝网压入软化的玻璃中	破碎时.玻璃碎片附在金属网上,具有一定防火性能	用于厂房天窗、仓库门窗、地下采光窗及防火门窗
夹层玻璃	两片或多片平板玻璃中嵌夹透明塑料薄片,经加热压粘而成的复合玻璃	透明度好,抗冲击机械强度高,碎后安全,耐火、耐热、耐湿、耐寒	用于汽车、飞机的挡风玻璃、防弹玻璃和有特殊要求的门窗、工厂厂房的天窗及一些水下工程
中空玻璃	用两层或两层以上的平板玻璃,四周封严,中间充入干燥气体	具有良好的保温、隔热、隔声性能	用于需要采暖、空调、防止噪声及无直射光的建筑,广泛用于高级住宅、饭店、办公楼、学校,也用于汽车、火车、轮船的门窗

第三节　木门窗的制作流程与要求

一、生产操作程序和一般要求

(1)木门窗生产流程:配料→截料→刨料→画线→凿眼、开榫→裁口→整理线角→堆放→拼装→磨光(刨光)。

(2)榫要饱满,眼要方正,半榫的长度应比半眼的深度短 2～3 mm。拉肩不得伤榫。割角应严密、整齐。画线必须正确,线条要平直、光滑、清秀、深浅一致。刨面不得有刨痕、戗槎及毛刺。遇有活节、油节应进行挖补,挖补时要配同样的树种、同木色,花纹要近似,不得用立木塞。

(3)成批生产时,应先制作一框实样,检查无误后,方可批量生产。如发现问题,应更正后方可批量下料加工。

二、配料与截料

(1)配料、截料要特别注意精打细算,配套下料,合理搭配,不得大材小用、长材短用、优材劣用。

(2)要合理的确定加工余量。宽度和厚度的加工余量,一面刨光者留3 mm,两面刨光者留 5 mm,如长度在 50 cm 以下的构件,加工余量可留 3～4 mm。

长度方向的加工余量见表 5-3。

表 5-3　加工余量

构件名称	加工余量
门框立梃	按图纸规格放长 7cm
门窗框冒头	按图纸规格放长 22 cm,无走头时放长 4 cm
门窗框中冒头	按图纸规格放长 1 cm
窗框中竖梃	按图纸规格放长 1 cm
门窗扇边梃	按图纸规格放长 4 cm
门窗扇冒头	按图纸规格放长 1 cm
玻璃棂子	按图纸规格放长 1 cm
门扇中冒头	在 5 根以上者,有 1 根可考虑做半榫
门心板	按冒头及扇梃内净距长、宽各放长 5cm

(3)门窗框料有顺弯时,其弯度一般不应超过 4 mm,有扭弯者一般不准使用。

(4)青皮、倒棱如在正面,裁口时能裁完者方可使用。如在背面超过木料厚的 1/6 和长的 1/5,一般不准使用。

三、画线

(1)画线前应检查已刨好的木料,合格后,将木料放到画线机或画线架上,准备画线。

(2)画线时要仔细看清图纸要求,和样板式样、尺寸规格必须完全一致,并先做样品,经审查合格后再正式画线。

(3)画线时应挑选木料的光面作为正面,有缺陷的放到背面,画出的榫、眼、厚、薄、宽、窄尺寸必须一致。

(4)用画线刀或线勒子画线时须用钝刃,避免画线过深,影响质量和美观。画好的线,最粗不宜超过 0.3 mm,务求均匀、清晰。不用的线立即废除,避免混乱。

(5)画线的顺序一般先画外皮横线,再划分格线,最后画顺线。同时用方尺画两端头线、冒头线、棂子线等。

(6)门窗框无特殊要求时,可用平肩平插。框子梃宽超过 80 mm 时要画双夹榫,门扇梃厚度超过 60 mm 时要画双头榫,60 mm 以内画单榫。冒头料宽度大于 180 mm 时,一般应画上下双榫。榫眼厚度一般为料厚的 1/4～1/3,中冒头大面宽度大于 100 mm 者,榫头必须大进小出。门窗棂子榫头厚度为料厚的 1/3。半榫眼深度一般不大于料断面的 1/3,冒头拉肩应与榫吻合。

(7)门窗框边梃的宽度超过 120 mm 时,背面应起凹槽,以防卷曲。

四、打眼、拉肩、开榫

(1)打眼用的凿刃应和榫的厚薄一致,凿出的眼,顺木纹两侧要平直,不得错岔。

(2)打通眼时,先打背面,后打正面。凿眼时,眼的一边线应凿半线,留半线。手工凿眼时,眼内两端中部宜稍微突出,以便拼装时加楔打紧。半眼深度应一致,并比半榫深 2～3 mm。

(3)拉肩、开榫要留半个墨线,拉出的肩和榫要平、正、直、方、光,不得变形。

(4)开出的榫要与眼的宽、窄、厚、薄一致,并在加楔处锯出楔子口。半榫的长度要比眼的深度短 2 mm。拉肩不得伤榫。

五、专裁口、起线

(1)裁口刨、起线刨的刨底应平直,刨刃盖要严密,刨口不宜过大,刨刃要锋利。

(2)起线刨使用时宜加导板,以使线条平直,操作时应将线条一次刨完。

(3)裁口遇有节疤时,不准用斧砍,要用凿剔平然后刨光,阴角处不整齐时要用单线刨修整。

(4)裁口、起线必须方正、平直、光滑,线条清秀,深浅一致,不得戗槎、起刺或凸凹不平。

六、拼装

(1)拼装前对部件应进行检查。要求部件方正、平直,线脚整齐分明,表面光滑,尺寸、规格、式样符合设计要求,并用细刨将遗留墨线刨去刨光。

(2)拼装时,下面用木楞垫平,放好各部件,榫眼对正,用斧轻轻敲击打入。

(3)所有榫头均需涂胶加楔。楔宽和榫宽相同,一般门窗框每个榫加两个楔,木楔打入前也应粘胶鳔。

(4)紧榫时应用木垫板,并注意随紧随找平,随规方。

(5)普通双扇门窗,刨光后应平放,刻刮错口(打叠)刨平后,成对做记号。

(6)门窗框靠墙面应刷防腐油或沥青。

(7)拼装好的成品,应在明显处编写号码,用木楞将四角垫起,离地面 20～30 cm,水平放置,并加以覆盖。

第四节 木门窗框的安装

一、安装方法

门窗框施工方法有两种:即先立口和后塞口。

1. **先立口式施工要点**

(1)当砖墙砌到室内地坪时,立门框;砌到窗台时,立窗框。

(2)立口前必须对成品进行检查,经检查合格后才能进行安装。

(3)立口前,照图把门窗的中线和边线画到地面或墙上。然后,把框立于相应位置,并用撑杆临时支撑,用线锤和水平尺找直找平,并检查框的标高是否正确,如有不直不平之处随时收正。不垂直时挪动支撑调整,不平处可垫木片或抹砂浆调整。支撑一般在墙身砌完后拆除。

(4)砌墙过程中不要碰动支撑,并应随时对门窗框进行校正,防止门窗框出现位移、歪斜等现象。砌到放木砖位置时,要校核是否垂直,如有不直,在放木砖时要随时纠正。否则,木砖砌入墙内,将门窗框固定后,就难以纠正。每边的木砖不少于 2～3 块。

(5)同一面墙的木窗框应安装整齐。可先立两端的门窗框,然后拉一通线,其他的框按通线竖立。这样可保证同排门框的位置和窗框的标高一致。

(6)立框时,一定要注意以下两点。

1)特别注意门窗的开启方向,防止出现错误难以纠正。

2)注意图纸上门窗框是在墙中,还是靠近墙里皮。如果是里皮平的,门窗框应出里皮墙面(即内墙面)20 mm,这样抹完灰后,门窗框正好和墙面相平。

门窗框的立口施工见图 5-11、图 5-12。

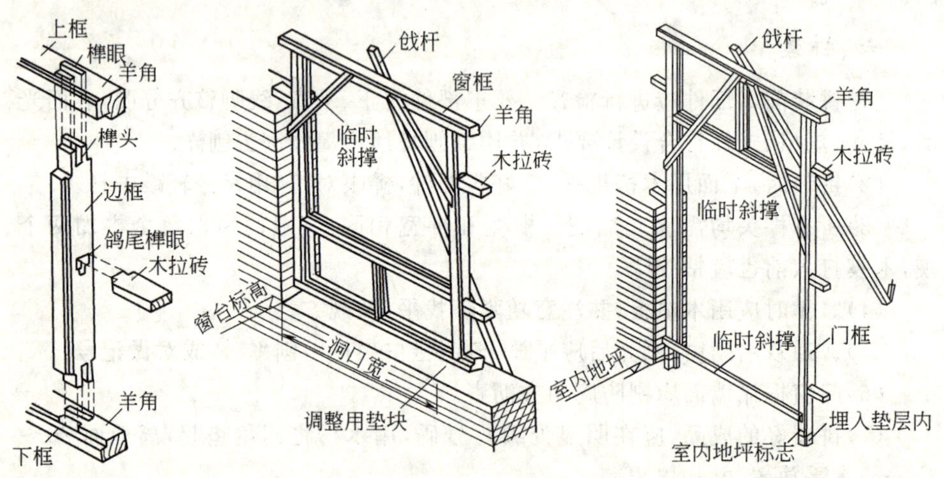

图 5-11　窗框立口安装　　　　图 5-12　门框立口安装

2. **后塞口式施工要点**

(1)门窗洞口要按图纸上的位置和尺寸留出,洞口应比门窗大 30～40 mm(每边大 15～20 mm)。

(2)砌墙时,洞口两侧按规定砌入木砖,木砖大小约为半砖,间距不大于1.2 m,每边2～3块。

(3)安装门窗框时,先把门窗框塞进门窗洞内,用木楔临时固定,用线锤和水平尺校正。校正后,用钉子把门窗框钉牢在木砖上,每个木砖上应钉两颗钉子,钉帽砸扁冲入梃内。

(4)塞口时,一定要注意以下两点。

1)特别要注意门、窗的开启方向。

2)整个大窗更要注意上窗的位置。

门窗框塞口式施工见图5-13、图5-14。

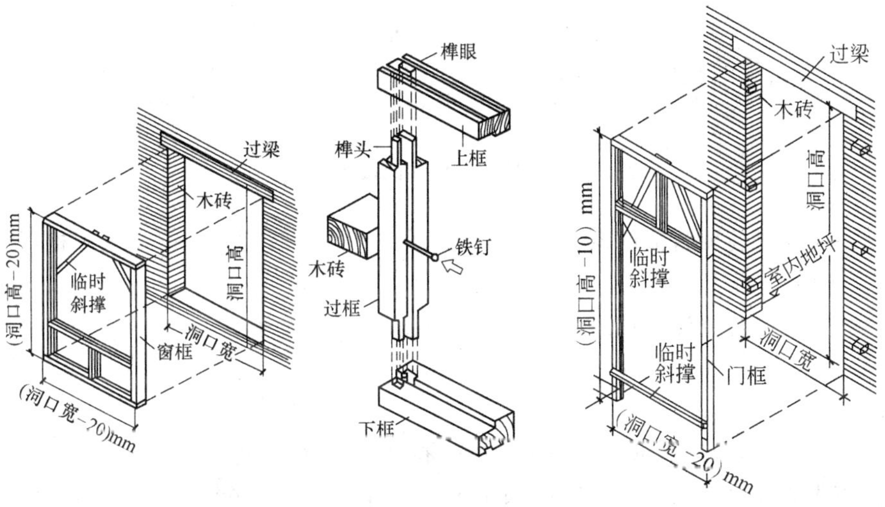

图5-13　窗框塞口安装　　　　图5-14　门框塞口安装

二、门窗框与墙体的接缝处理

门窗框可以在墙内居中设置,也可沿墙一侧设置(窗框不宜沿外墙外侧设置)。居中设置时简单、经济,沿一侧设置则需加贴脸板及至筒子板,构造复杂,造价颇高。

门窗框与墙体的接缝处理见图5-15。

第五节　木门窗扇的安装

(1)立门窗框前须对成品加以检验,合格后再进行安装。

(2)立门窗框前要事先准备好撑杆、木橛子、木砖或倒刺钉,并在门窗框上钉好护角条。

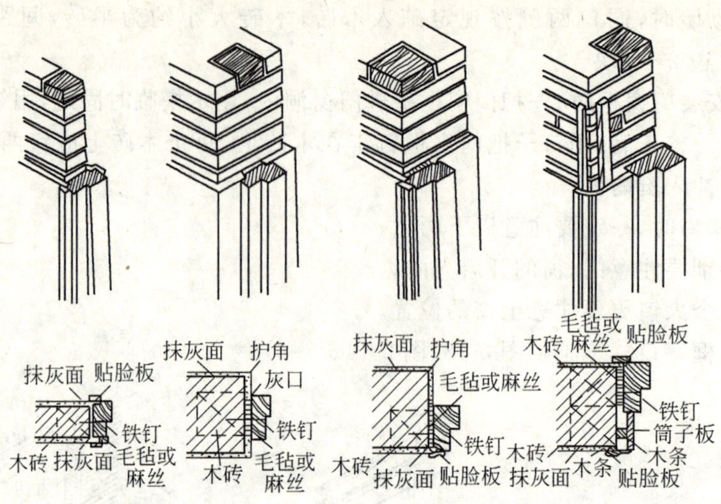

图 5-15 门窗框与墙体的接缝处理

(3)立框子前要看清门窗框在施工图上的位置、标高、型号,门窗框规格,门扇开启方向,框子是里平、外平或是立在墙中等,按图立口。

(4)立框子时要注意拉通线,撑杆下端要固定在木橛子上。

(5)立框子时要用线坠找直吊正,并在砌筑砖墙时随时检查有否倾斜或移动。

(6)如为后塞口(嵌框子),要先检查砖洞口尺寸、垂直度及木砖数量,如有问题,应事先修理好。如为多层建筑,则门窗在墙中的位置应在一直线上。横竖均拉通线。里平口者应留出灰口。如预埋木砖不够时,应内外面用楔子对称挤紧。

第六节 门窗小五金及玻璃的安装

1. 木门窗扇安装

(1)安装前检查门窗扇的型号、规格、质量是否符合要求,如发现问题,应事先修好或更换。

(2)安装前先量好门窗框子的高低、宽窄尺寸,然后在相应的扇边上画出高低、宽窄的线,双扇门要打叠(自由门除外),先在中间缝处画出中线,再画出边线,并保证梃宽一致,上下冒头也要画线刨直。

(3)画好高低、宽窄线后,用粗刨刨去线外部分,再用细刨刨至光滑平直,使其符合设计尺寸要求。

(4)将扇放入框子中试装合格后,按扇高的 1/10～1/8 在框子上按合页大小画线，并剔出合页槽，槽深一定要与合页厚度相适应，槽底要平。

2. 玻璃安装

一般在门窗框、扇校正完毕，五金安装完后以及框、扇最后一道涂料前安装玻璃。

(1)安装玻璃前，应将企口内的污垢清除干净，并沿企口的全长均匀涂抹1～3 mm厚底灰，并推压平板玻璃至油灰溢出为止。

(2)木框、扇玻璃安好后，用钉子或钉木条固定，钉距不得大于300 mm，且每边不少于两颗钉子。

(3)如用油灰固定，应再铺上油灰，且沿企口填实抹光，使和原来铺的油灰成为一体。油灰面沿玻璃企口切平，并用刮刀抹光油灰面。油灰面通常要经过7天以上干燥，才能涂装，见图5-16。

如用木压条固定，木压条应先涂干性油。压条安装前，把先铺的油灰充分抹进去，使其下无缝隙，再用钉或木螺钉、小螺钉把压条固定，注意不要将玻璃压得过紧，见图5-17。

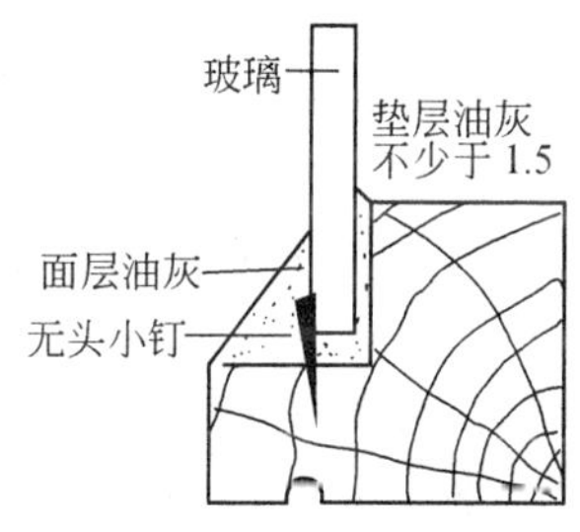

图5-16　用油灰安装

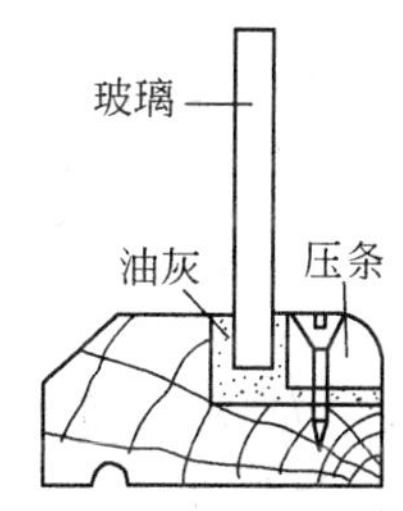

图5-17　用木压条安装

(4)拼装彩色玻璃、压花玻璃时，应符合设计且拼缝要吻合，不得错位。

(5)冬季施工，从寒冷处运到暖和处的玻璃应在其变暖后方可安装。

第七节　成品保护

1. 防污染

(1)门窗应采用预留洞口方式，门窗框安装应安排在地面、墙面湿作业完成之后。

(2)无保护胶带的门窗框，抹门窗套水泥砂浆时，门窗框上应贴纸或用塑料薄膜遮盖保护，以防框子被水泥浆污染。亦可采取先粉刷门窗套后安装门窗框等措施。

(3)窗框四周嵌防水密封胶时，操作应仔细，油膏不得污染窗框。

(4)外墙面涂刷和室内顶棚、墙面喷涂时，应用塑料薄膜封严门窗。

(5)内墙面裱糊作业,胶粘剂切勿涂刷到门窗上。

(6)室内建筑垃圾,应从垃圾通道或装入盛灰容器内向下转运,不得从门窗口向外倾倒。

(7)楼地面和楼梯间水磨石,应采用"细水浓浆"工法,再用胶皮刮板把浓浆集中堆存,稍干燥后向下转运,忌用"深水扫浆"法。浆液不得从楼梯间直接向下扫,浆液易污染门窗。

(8)不得在室内拌和水泥砂浆,以防水泥灰喷污门窗。

(9)管道试压泄漏,室内地坪清洗,其污水不得从窗口倾倒。

(10)不得在门窗上涂写。

(11)冬施期间,不应在室内燃烧木柴取暖,以免浓烟熏黑门窗;亦不得在室内生炉火做饭,以免煤烟污染门窗。

2. 防撞击、划痕

(1)门窗框铁脚与预埋铁件焊接,不得在门窗上打火烧伤门窗框。

(2)利用门窗洞作为料具进出口时,门窗边框、窗下框和中竖框均应用木板钉保护框,以防碰伤框边。

(3)搭、拆、转运脚手杆和跳板,其材料不得在门窗框扇上拖拽。安装管线及设备,应防止物料撞坏门窗。

(4)不得在门窗框扇上拉挂安全网;内外脚手杆不得搁置在门窗框扇上;严禁在窗扇上站人。

(5)门窗扇安装后,随即安装五金配件,关窗锁门,以防风吹损坏门窗。如门扇未装锁、钢(含塑料)窗扇未装撑挡,则应用木楔塞紧以防开启,并有专人管理。

(6)不得在门上锤击、钉钉子或刻画。清洁门窗时,不得有刀刮或硬物擦磨。

(7)嵌玻璃压条不得划伤框面,用胶液后随手擦净。

第六章　楼地面工程

第一节　木质楼地面

木质板楼地面即木地板，是用优质木板做面层，经过刨光、油饰和打蜡而成。具有弹性好、脚感舒适、热导性能小、表面光洁、纹理美观、绝缘性能好等特点。

对于木质楼地面工程而言，应着重选择面层和面层下的基层做法，木板面层铺设有单层，双层之分：单层是将木板条直接固定于搁栅上，或直接粘在基面上；双层则是先铺一层毛地板，其上再铺一层木地板，具体构造做法详见表 6-1。

表 6-1　面层构造做法表

序号	名称	简　图	说　明
1	条形地板	楼板 小搁栅 石灰煤屑 钢筋混凝土楼板 粉刷	木地板顺长条方向铺钉，厚度为 20～25 mm，用软木时宽 100～150 mm，用硬木时宽 40～60 mm，一般采用企口缝。铺钉时材心向上，先用铁扒钉、木楔排紧板缝，再钉圆钉。搭接缝错开
2	人字纹地板		将硬木加工成较窄、短的小条。然后按相邻的两行各从不同的方向倾斜 45°铺钉
3	席纹地板		将硬木加工成长、宽为一定倍数的小木条，按纵、横方向分成小块铺钉，小块成方形，在平面上与前、后、左、右相邻方块木纹方向垂直
4	斜方块纹地板		将用小木条拼成的方块按 45°倾斜铺订，并与四周板块木条方向垂直
5	拼花地板镶边		拼花地板倘在拼花纹时尺寸稍有出入，可在镶边处适当调整

基层做法根据铺设方式不同有实铺式、空铺式、粘贴式三种。实铺式主要用于混凝土垫层上或楼板内预埋锚固件固定在木搁栅上的楼地面；空铺式主要用于建筑物的首层地面，用于地面下有设备管道维修，需有敷设空间；粘贴式不用搁栅，直接用胶粘剂将板条粘在基层上，构造做法详见表 6-2。

表 6-2　　基层铺设方式具体构造做法

序号	类别	名称	简图	说明
1	空铺木地板	有地垄墙空铺木地板	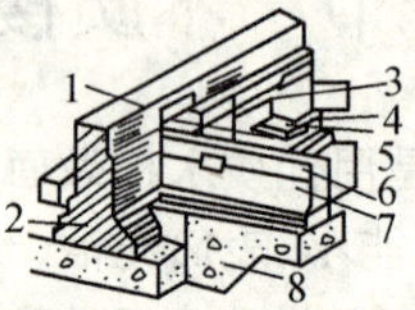 1—墙身；2—砖基础；3—通风洞；4—搁栅；5—沿缘木；6—防潮层；7—地垄墙；8—碎砖三合土	由地垄墙、沿缘木、搁栅、木板面层和剪刀撑等组成，搁栅间距 400 mm，地垄墙间距 1800 mm
2		无地垄墙空铺木地板	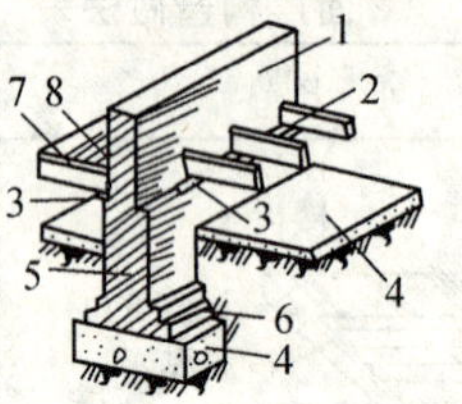 1—墙身；2—搁栅；3—沿缘木；4—碎砖三合土；5—墙基；6—大放脚；7—木地板；8—踢脚板	搁栅支承在墙身错台上的沿缘木上，搁栅中间加剪刀撑或水平撑撑牢，地面上满铺碎砖三合土，防止基础潮气上升
3		有砖墩空铺木地板	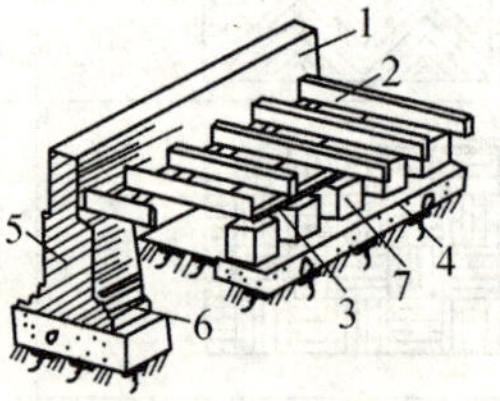 1—墙身；2—搁栅；3—沿缘木；4—碎砖三合土；5—墙脚；6—大放脚；7—砖墩	与地垄墙空铺木地板的差别是用砖墩代替地垄墙。搁置搁栅，即搁栅的一端在墙身上，另一端在砖沿缘木上
4	实铺木地板		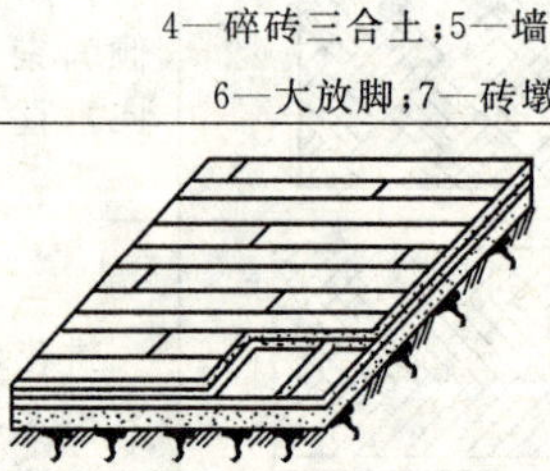	在夯实的素土上铺碎石一层，上层浇筑 70～100 mm 厚混凝土，铺油毡一道，安设搁栅，中距 400 mm，并用石灰煤屑等填平

实铺式木质板楼地面构造做法用于地面或楼面做法，而空铺式木质板楼地面构造做法，由于用木料较多，只有在必须的情况下方可选用。粘贴式木质板楼地面构造做法与前两者相比，节省木料，成本低，施工方便，维修容易，外观效果相同，虽弹性稍差，但选用这种做法的工程日趋增多。当然，采用何种方式铺设，选择何种面层，还应根据施工对象、设计要求、经济条件等因素决定。目前，常用的铺设方法有六种：

(1)直接黏结法；

(2)悬浮铺设法；

(3)不用胶接悬浮铺设法；

(4)毛地板垫底法；

(5)龙骨铺设法；

(6)龙骨毛地板铺设法。

实铺式木质地板面和粘贴式木质地面，采用的施工方法是直接黏结法。对于复合木地板和强化木地板采用的是悬浮铺设法。凡是能采用以上两种铺设方法的地面均能采用毛地板垫底法铺设。空铺式木质地板采用的是龙骨铺设法，体育馆的比赛场地木地板的铺设采用龙骨毛地板铺设法。

第二节　空铺式木地板

(1)工艺流程：砌筑地垄墙→铺设防水层→放置垫块→钉制木搁栅→加强剪刀撑→铺设毛地板→加铺防潮消声层→镶铺面层地板→打磨、油漆、上蜡。

(2)空铺式木地板构造(图 6-1)。

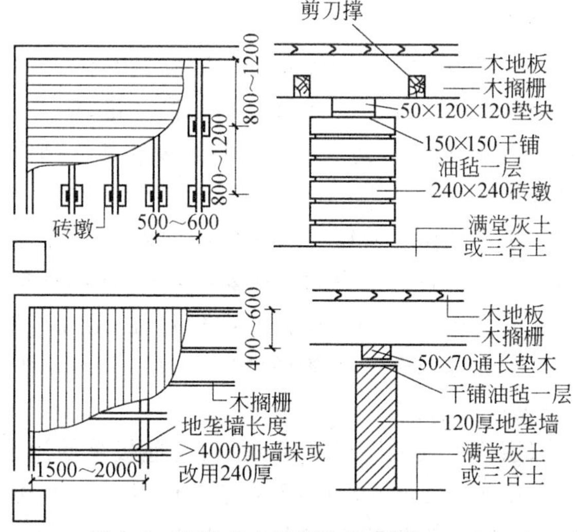

图 6-1　空铺式木地板构造(单位：mm)

(3)地垄墙砌筑。地垄墙坐落在坚硬的基底上。地垄墙一般采用红砖、水泥砂浆砌筑。

地垄墙的厚度和砌筑高度应符合设计要求;垄墙越墙之间距离一般不宜大于 2 m。砖墩布置要同木搁栅的布置一致,如木搁栅一般间距 500 mm,则砖墩间地应 500 mm。若砖墩尺寸偏大,墩与墩之间距离较小,密时可将其连在一起变成垄墙。

地垄墙(或砖墩)标高应符合设计标高,必要时可于顶面抹水泥砂浆或豆石混凝土找平。

(4)空铺式架空层同外部及每道架空层间的隔墙、地垄墙、暖气沟墙,均要设通风孔洞。在砌筑时将通风孔留出。尺寸一般 120 mm×120 mm。外墙每隔 3～5 m预留不小于 180 mm×180 mm 的通风孔洞,外面安箅子,下四标高距室外地墙不小于 200 mm。

如果空间较大,要在地垄墙内穿插通行,要在地垄设 750 mm×750 mm 的过人孔洞。

(5)垫木。从安全考虑在地垄墙(或砖墩)与搁栅之间,一般用垫木连接,将搁栅传来的荷载,通过垫木传到地垄墙或砖墩上。垫木使用前应进行防火防腐处理,垫木的厚度一般为 50 mm,可锯成一段,直接铺放搁栅底下,也可沿地垄墙通长布置。若通长布置,绑扎固定的间距应不超过 300 mm,接头采用平接。在两根接头处,绑扎的铅丝应分别在接头处的两端 150 mm 以内进行绑扎,以防接头处松动。

(6)木搁栅。木搁栅的作用是固定与承托面层,木搁栅断面积大小依地垄墙(或砖墩)的间距大小而定。间距大木搁栅跨度大,断面尺寸大。无论怎样选木搁栅断面尺寸,应符合设计要求。

木搁栅一般与地垄墙成垂直,摆放间距一般为 500～600 mm,并应根据设计要求,结合房间具体尺寸均匀布置。木搁栅的标高要准确,表面用水平尺抄平,也可以根据房间 500 mm 标准线进行检查。特别要注意木搁栅表面标高与门扇下沿及其他地面标高的关系。

木搁栅找平后,用 100 mm 的铁钉从搁栅的两侧中部斜向 45°与垫木钉牢。搁栅安装要牢固,并保持平直。木搁栅表面要作防火、防腐处理。

(7)剪刀撑。它的作用是增加木搁栅侧向稳定性,增加楼地面的整体刚度,减少搁栅本身变形,剪刀撑布置在木搁栅两侧面,用 75 mm 铁钉固定在木搁栅上。其间距应符合设计要求。

(8)毛地板。双层木地板的下层称毛地板,毛地板是使用松木板、杉木板等针叶木,其宽度不大于 120 mm,铺前必须先把毛地板下空间内的杂物清除。

面层若是铺条形地板,毛地板应与木搁栅呈 30°角或 45°角斜向铺钉,木板的材心应朝上，边材应朝下铺钉，板面刨平，板缝一般为 2～3 mm，相邻接缝应错开，毛地板和墙之间应留 10～20 mm 的缝隙。

毛地板固定用板厚 2.5 倍的圆钉，每端钉两个。

(9)弹施工控制线。为了保证地板按照预定的角度铺钉，一般用施工控制线来控制。图 6-2 即为地板的施工控制线的平面图。

1)弹出房间的纵横中心线和镶边线。如图 6-3 所示，图中 d 为房间镶边宽度。

2)在纵向中心线的两侧弹出起始施工线，其间距为事先计算所得的起始施工线间距 a。

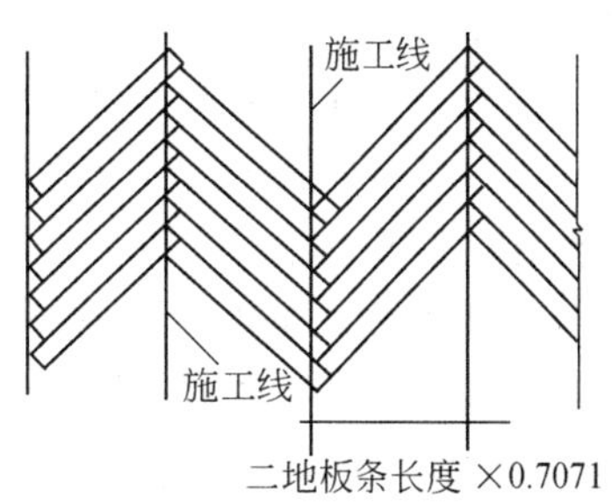

图 6-2　地板施工平面图

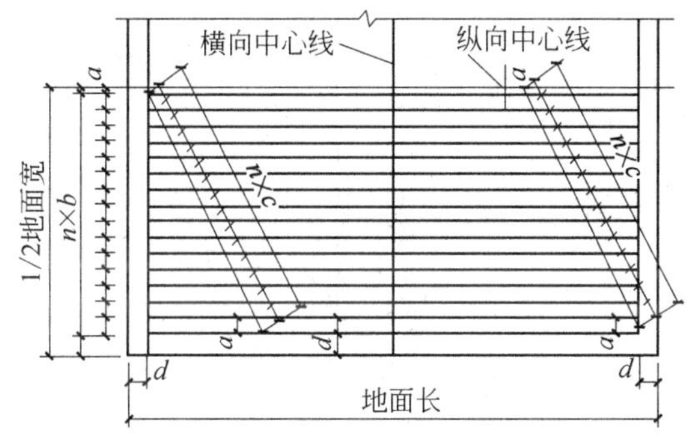

图 6-3　施工线布置图

3)在起始施工线的左右一次弹出施工线间距为 b。为了保证弹线的精度，避免产生累计误差，弹施工线时可采“斜—整数等分法”。

如设计要求面层地板下需铺油毡，而不便弹线时可采用挂线的方法代替弹线。

(9)铺油毡防潮、消声层一道。

(10)面层铺钉。

1)铺钉长条地板。

①毛地板清扫干净后，弹直条铺钉线。

②由中间向四边铺钉(小房间可从门口开始)。

③先跟线铺钉一条作标准，检验合格后，顺次向前展开用长度为板厚 2.5 倍的钉子从凹槽边倾斜 45°角或 60°角钉入毛地板上。钉帽砸扁冲入板内 3～5 mm，钉子不露，钉到最后一块，可用明钉钉牢。

④采用硬木长条地板时，铺钉前应先钻孔，孔径为钉径的 0.7～0.8 倍。

⑤为使缝隙严密顺直，在铺的板条近处钉铁扒钉或用楔块将板条靠紧，使之顺直，见图 6-4。接头间隔断开，靠墙端留 10～20 mm 空隙。

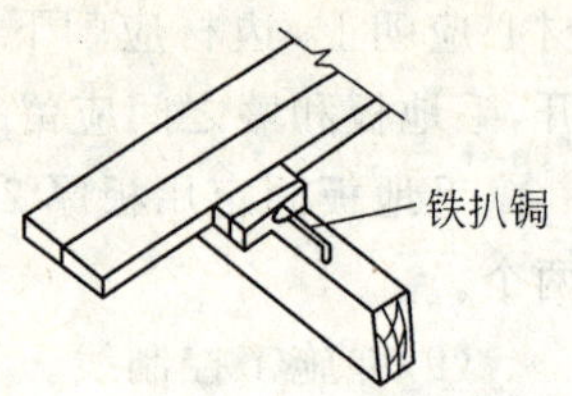

图 6-4　钉铁扒钉铺长条地板

⑥企口板铺完后，清扫干净。先按垂直木纹方向粗刨一遍，再按顺木纹方向细刨一遍，然后磨光，刨磨的总厚度不超过 1.5 mm，并应无刨痕。

⑦刨磨的木地板面层在室内喷浆或贴墙纸时，应采取防潮、防污染的保护措施，进行覆盖。

⑧油漆和上蜡，应待室内一切施工完毕后进行。

2)铺钉拼花木地板。

拼花地板常用方格式、席纹式、人字式和阶梯式等，见图 6-5。

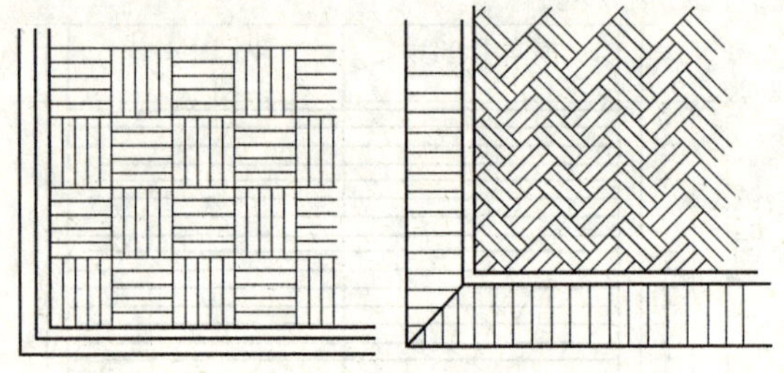

图 6-5　拼花木地板样式

①毛地板清扫干净后，根据拼花形式，在地板房间中央弹出两条相互垂直的中心十字线或 45°角斜交线，按拼花大小标出块数进行预排。

②预排合格后确定镶边宽度(一房间大小或材料的尺寸，一般 300 mm 左右)，然后弹出分档施工控制线和镶边线，并在拼花地板线上沿长向拉通线，钉出木标准条。

③铺拼花木地板面层，应从房间中央开始向四周铺钉。人字纹木地板第一块的铺设是保证整个地板质量的关键，见图 6-6。

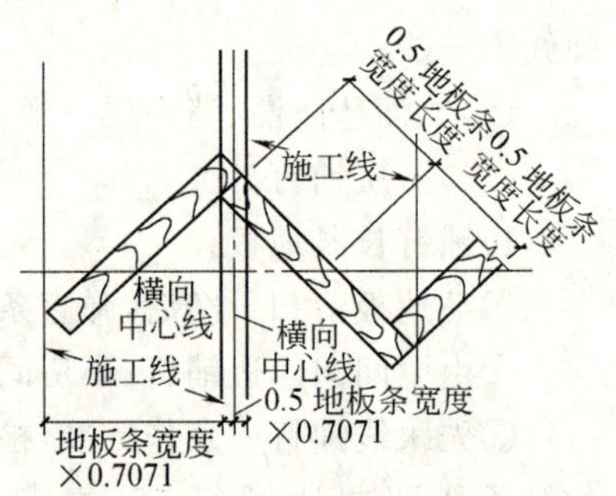

图 6-6　铺第一块地板位置示意

④铺钉时硬木拼花板条先钻好斜孔，孔大小为圆钉直径的 0.7～0.8 倍。然后用板厚 2.5 倍长的钉子两颗，穿过预先钻好的斜孔，钉入毛地板板内。

⑤标准板铺好并检验合格后，按弹好的档距画施工控制线，边铺油毡，边顺次向四周铺钉，最后圈边。

⑥钉镶边条：镶边条应采用直条骑缝铺钉，拼角处宜采用45°交接。当室内外面层材料不同时，门口处的镶边条应铺到门扇的位置的外口，使门扇关闭后看不到木地板。镶边宽度不满足镶边的正倍数时，不得采取扩大缝隙的办法，而应按实际缝隙的大小锯割镶边，锯割口一边应靠墙钉。圈边地板仍要做成榫接，末尾不能榫接的地板，要用胶粘钉牢。

⑦地板刨光：拼花木地板宜采用地板刨光机（或手提电刨）先粗刨，然后净光，打磨、油漆、上蜡。

第三节　实铺式木地板

实铺有两种情况。一是将木搁栅直接固定在基底上，二是将拼花地板块直接铺贴在平整光滑的混凝土或水泥地面上。即加搁栅和不加搁栅两种。这两种方法当前对室内装饰木质地面都多被采用。

1. 加搁栅做法地板安装

(1)工艺流程：埋放铅丝→安放搁栅→放置清体填充物（可不做）→铺毛地板→防潮、消声层→面层地板→打磨、油漆、上蜡。

(2)如果是在首层往往是在地面打混凝土时按放搁栅的位置在墙上作出标记，依此拉线埋放8号或10号铅丝，并呈U形两边露出的长度应满足绑扎50 mm×70 mm（可依空间放小搁栅截面尺寸）木方的长度，一般每边留200 mm左右。

(3)隔天将提前进行防腐、防火处理过的木搁栅依设计位置就位。固定和调整的次序：先将房间两边两根木搁栅调平、调直，用铅丝绑扎牢固作为其余搁栅的标志。而后，依这两根标志拉线，小线应离搁栅上表面1 mm，其余搁栅按设计位置和拉线标高绑扎固定，高低调整时，上表面以线为据，下部不平处可用背向木楔垫平，全部调好后用细石混凝土在搁栅下1/3处抹小八字（或采用木搁栅间用木拉撑固定木搁栅，并将背向楔用钉子与木搁栅固定的方法）。搁栅在绑扎铅丝处上表面应刻槽使铅丝嵌入，以免造成搁栅表面不平。

(4)为了保温和搁声效果可在搁栅内填焦渣类的填充物。若追求木地板本来的弹性效果，搁栅之间应保留空（可为空铺式）。

(5)面层做法可参考空铺木地板的方法，即毛地板—油毡—面层地板—镶边—木踢脚—打磨、油漆、上蜡。构造层见图6-7。

2. 不加搁栅做法

(1)水泥地面拼花木地板胶粘法胶粘法木地板施工一般是在标准层以上楼层使用，适应不潮湿的环境，其施工操作比较简单。其为在抹好（平整度经检查符合要求）且已干燥透的水泥砂浆地面上经打磨清扫干净后，用水重30%的水

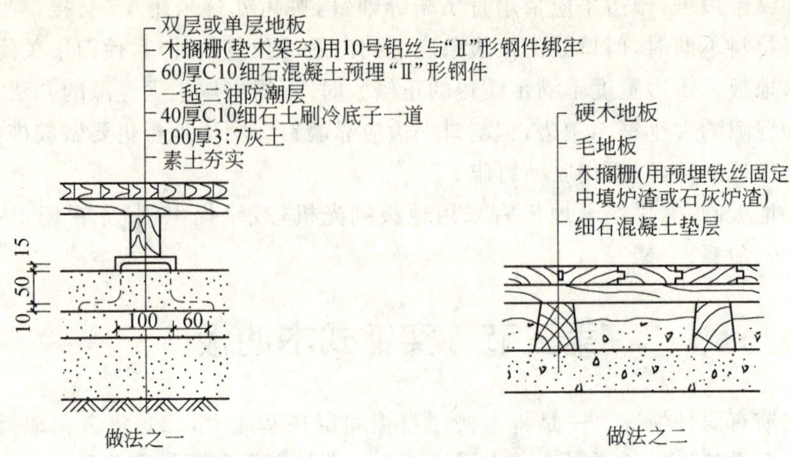

图 6-7　实铺式木地板构造层示意(单位:mm)

泥 108 胶或水重 15%的水泥乳液腻子分两遍找平(如地面比较平整可省去此工序),干燥后用 1 号砂纸打磨平整,用潮布擦干净。

干透后在上面弹施工线,依线用白乳胶中略加水泥的水泥乳液胶打点黏结(在地板条之间应满涂),逐块粘铺。

所有的地板条粘铺完成以后的工作如镶边、镶梯脚板打蜡工序可同前。

(2)水泥地面拼花木地板沥青玛琋脂粘贴法。

用沥青玛琋脂粘贴拼花木地板块,应先将基层清扫干净,涂刷一层冷底子油。涂刷得要薄且均匀,不得有空白麻点及气泡,待一昼夜后,再用热沥青玛琋脂随涂随铺。

粘贴时要在木地板和基层上两面涂刷沥青,基层涂刷沥青厚度一般为 2 mm,木地板呈水平状态就位同时,用木块顶紧,将木地板排严。

铺贴时溢出表面的热沥青应及时刮去并擦干,结合层凝固后,进行刨平磨光,刨削厚度不大于 1 mm,一般每次刨削厚度为 0.3 mm。刨平后拆去四边的顶紧块,进行木地板收边。

(3)木地板胶粘剂铺贴法。

木地板的胶粘剂法可用环氧树脂胶、万能胶、木地板胶水铺贴的方法。

1)粘贴前,先将基层表面彻底清擦干净(可按水泥乳液粘贴的方法处理底层),基层含水率不大于 15%。先在基层上涂刷一层薄而匀的底子胶,然后依设计方案和尺寸弹施工线。

2)待底子胶干燥后,按施工线位置,依线由中央向四周铺贴,边涂胶边贴。在基层上涂刷 1 mm 左右胶液,在木地板背面涂刷 0.5 mm 厚胶液,过 5 分钟,表面不粘手后进行铺贴，贴时木地板块要放平，用橡皮锤敲实排紧。

3)其余施工要求与上述沥青粘铺法相同。

4)硬木地板块(无论人字纹，正、斜席字纹)在使用前均应选料。方法是选颜色花纹相近的，用在一起颜色花纹有误差的应放在另外的房间，如无条件可采用渐变的方法减小混乱感且要经刨方处理。方法是：每一地板条都要规方，而后将花纹颜色相近的若干块拼在一起(条数以呈方为准)，用带胶的纸条或胶带粘在一起，再次规方。且在此前应在板条底面抄清油一道，以防板条变形。

5)木地板镶贴后在常温下保养 2～3 天即可进行刨平，用手提电刨，刨削方向应同板条成 45°角斜刨，刨子不宜走得太快，吃刀量不宜过大，最大吃刀量厚度不宜超过 0.5 mm。以加工面无刨痕为宜。

6)木地板刨平后，应用电动磨光机磨光，第一遍粗砂用 3 号砂纸，第二遍磨光用 0～1 号砂纸。

7)而后刮腻子(清油地板或木质档次较高的可不用腻子，以体现木材档次和木纹)→油漆→上蜡。

3. 拼花木地板铺设

(1)拼花木地板面层是用加工好的成品铺钉于毛地板上，或是用沥青玛𤧛脂胶结料(或其他胶粘剂)粘贴于水泥地面(基层)上。如图 6-8 所示。

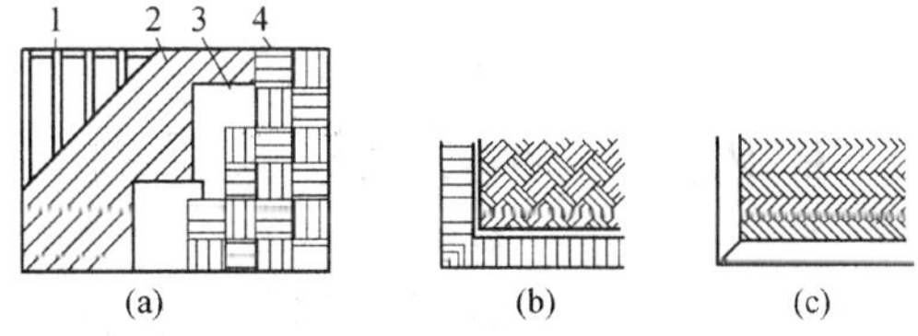

图 6-8　拼花木地板示意图

(a)拼花木地板构造层次；(b)斜方格纹；(c)人字纹

1—搁栅；2—毛地板；3—油纸；4—正方格纹硬木板面层

(2)拼花木地板面层图案、树种、规格应符合设计要求选用。如设计无要求时应选用硬木材质如：水曲柳、核桃木、柳桉等质地优良，不易腐朽、开裂的木材，做成企口、截口或平头接缝的拼花木地板。

(3)在毛地板上的拼花木板应铺钉紧密，所用钉长度应为面层板厚的2～2.5倍，从侧面斜向钉入毛地板中，钉头不应露出。拼花木地板的长度不大于300 mm时，侧面应钉两个钉；长度大于 300 mm 时，应钉三个钉。顶端均应钉一个钉。

(4)拼花木地板预制成块，所用的胶应为防水和防菌的。接缝处应仔细对齐，胶合紧密，缝隙不应大于 0.2 mm，外形尺寸准确，表面平整。

预制成块的拼花木地板铺钉在毛地板或木格条上，以企口互相连结，铺钉的要求应同前述。

(5)用沥青玛琋脂铺贴拼花木地板,其基层应平整洁净、干燥,并预先涂刷一层冷底子油,然后用热沥青玛琋脂随涂随铺,其厚度一般为 2 mm。铺贴时,木板背面亦应涂刷一层薄匀的沥青玛琋脂。

(6)用胶粘剂粘贴拼花木地板,通常选用 903 胶、925 胶、万能胶、环氧树脂等,铺贴时,板块间的缝隙宽度以小于 0.5 mm 为宜,板与结合层间不得有空鼓现象,板面应平整。铺完后 1～2 天即应油漆、打蜡。

(7)用沥青玛琋脂或胶粘剂铺贴拼花木地板时,其相邻两块的高度差不应超过±0.5 mm,过高或过低应予修整。铺贴时,沥青玛琋脂或胶粘剂应避免溢出表面,如有应随即刮去。

(8)拼花木板条面层的缝隙不应大于 0.3 mm。面层与墙之间的缝隙,应以踢脚板或踢脚条封盖。

(9)拼花木板表面应予刨(磨)光,所刨去的总厚不大于 1.5 mm,并应无刨痕。铺贴的拼花木地板面层,应待沥青玛琋脂或胶粘剂凝结硬固后,方可刨(磨)光。

(10)拼花木地板面层的踢脚板或踢脚板压条等,应在面板刨(磨)光后再进行安装。

第四节　粘贴式木地板

(1)主要材料:地板条多用柞木、核桃木等材质坚硬、耐磨、耐腐、不易变形的木材加工,板条一般加工成企口、截口或平口见图 6-9。

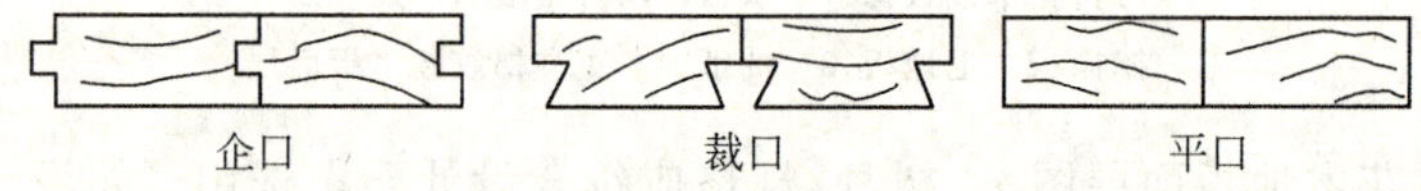

图 6-9　木地板条接缝

板条一般长 125～240 mm,宽 35～50 mm,厚 10～20 mm,板条的含水率根据当地环境不同而定。

胶粘剂:常用 XY401、沥青胶结料,也可选用经过技术鉴定,有产品合格证的产品。但施工前,应通过试验确定其黏结性能。对超过生产期三个月的产品,施工前应取样检验,合格后方可使用。过保质期的产品,不得使用。

(2)常用工具:准备木工作业所用的机具,见实铺式木质板楼地面的施工准备中的相关内容。准备粘贴工具,如橡皮刮板、像皮锤、盛胶粘剂用的大、小桶等。

(3)作业条件。

1)外门窗及玻璃安装完。

2)室内湿作业已经完,墙面抹灰达到八成干。

3)水暖、电气管线安装完。

4)按 50 cm 标准线弹出踢脚板上口水平线,以此控制地板标高。

5)砖墙面预埋好防腐木砖,便于安装踢脚板。

6)对进场的地板条进行挑选,有节疤、翘裂、腐朽,规格不一,色差较大的挑出,经加工后备用,并预拼合缝找方。

7)做样板间,检验铺贴质量。若发现木板含水率过大,或者胶粘剂黏结性能差,必须予以更换。

8)操作温度宜在 5℃以上,具体温度要求视黏结材料来定。

(4)施工工艺及操作要点。

1)施工工艺。

基层清理→设标高、弹线→粘贴木板条→刨平、刨光→磨光→油漆、打蜡→检查合格

2)操作要求。

粘贴式木板面层施工,应在吊顶、内墙面施工结束,门窗、玻璃全部安装完,水、电、暖等管道安装结束后进行。

①基层清理:将表面灰尘、油污、落灰等杂物清理干净。用 2 m 靠尺和楔形塞尺检查基层表面,偏差值不得大于 3 mm。对超差的部位,高的要铲平,低的应用 108 胶水泥砂浆补平。清理、检查基面后,用软布擦拭表面,并晾干。基面施工前的含水率不得大于 8%。

②按房间净尺寸弹十字中心线,并根据设计拼花形式,弹 45°斜交线。

根据拼花木板条规格将其拼为方块,按房间净尺寸和拼花方块尺寸计算方块数,并以此确定圈边宽度。在方格形拼花图案计算时,若拼花方块数为单数,则地板中心线与拼花方块中心重合;若板块数为双数,则地板中心线与中间四块拼花方块的拼缝重合。根据计算结果,弹出分档施工控制线和圈边线,圈边线一般为 300 mm。

铺粘木板块,一般从房间中心控制线向四周铺粘,最后铺粘圈边。根据采用的胶粘剂不同,采用不同的涂刷方式。使用 401 胶粘剂时,应在基面和地板条背面同时涂刷胶料,待手摸不粘,但又能有点粘性时,即可按控制线铺粘。粘后可用橡胶锤轻轻击打。使用沥青胶结料时,应先在基面上刷一层冷底子油,然后用沥青胶结料在基面和地板条背面同时涂刷胶料,厚度宜在 2~3 mm,随涂刷随铺粘。

③粘贴地板条,板缝应严密,缝隙不宜大于 0.3 mm,接缝高低差不大于 1 mm,随铺随检。对溢出的胶粘剂,应随手清理干净。对截口缝的地板条,铺粘

时，要在侧边槽口中加嵌榫。一般尺寸木地板加两只嵌榫，当地板条长度大于300 mm时，则应加三只嵌榫。铺粘至圈边，应根据圈边弹线，预铺最后一方，根据具体尺寸和角度，截割木板条，然后再铺粘。圈边的铺粘方法与板条相同。圈边与墙之间应留10～20 mm的间隙。

④铺粘完工，待胶粘剂达到规定强度后，进行刨平、刨光、磨光，最后进行油漆、打蜡工序。刨光时，应用转速为5000转/分钟以上的刨地板机与木纹成45°角斜刨。刨时不宜走得太快，停机时，应先将刨机提起，再关开关。刨平后，应仔细检查平整度。检查合格，方可用地板打磨机磨光。所用砂布应先粗后细，磨光机与木纹成45°角斜磨打光。

⑤面层磨光后，清除表面的粉屑，进行油漆、上蜡工序。油漆、上蜡方法与实铺式木板面层相同。

第五节　地　　毯

一、固定式(满铺)地毯铺设

(1)固定式(满铺)地毯构造见图6-10。

(2)基层处理：铺设地毯的基层表面应平整、干燥、洁净。平整度用2m靠尺检查，最大空隙不应大于4 mm；表层含水率不大于9%。有落地灰等杂物的应铲除并打扫干净，有油迹等污染的，应用丙酮或松节油擦净。

(3)钉木(或金属)卡条：木(或金属)卡条应沿地面四周和柱脚的四周嵌钉，板上的小钉倾角应向墙面，板与墙面留有适当空隙，便于地毯掩边。在混凝土、水泥地面上固定采用钢钉，钉距宜300 mm左右，如地毯面积较大，宜用双排木(或金属)卡条，便于地毯张紧和固定。

(4)铺衬垫：铺设弹性衬垫应将胶粒或波形面朝下，四周与木(或金属)卡条相接处宜离开10 mm左右，拼缝处用纸胶带全部或局部粘合，防止衬垫滑移。经常移动的地毯在基层上先铺一层纸毡以免造成衬垫与基层粘连。

(5)裁剪地毯：地毯裁剪时，应按地面形状和净尺寸，用裁边机断下的地毯料每段要比房间长度多出20～30 mm，宽度以裁去地毯的边缘后的尺寸计算。在拼缝处先弹出地毯的裁割线，切口应顺直整齐，以便于拼缝。

裁剪栽绒或植绒类地毯，相邻两裁口边应呈八字形，铺成后表面绒毛易紧密碰拢。在同一房间或区段内每幅地毯的绒毛走向应选配一致，将绒毛走向朝着背光面铺设，以免产生色泽差异。

裁剪带有花纹、条格的地毯时，必须将缝口处的花纹、条格对准吻合。

(6)铺设地毯：将选配、裁剪好的地毯铺平，一端固定在木(或金属)卡条上，用压毯铲将毯边塞入卡条与踢脚之间的缝隙内。常用两种方法，一种是将地毯

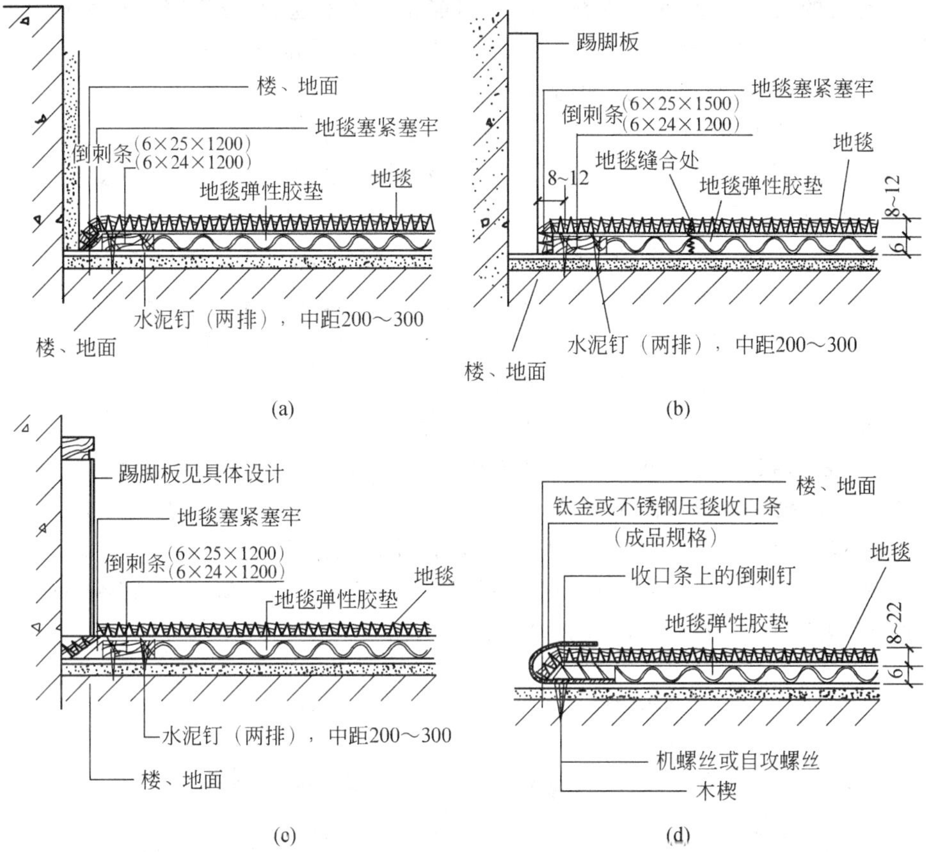

楼、地面
地毯塞紧塞牢
倒刺条(6×25×1200)
(6×24×1200)
地毯弹性胶垫
地毯
水泥钉（两排），中距200～300
楼、地面

(a)

踢脚板
地毯塞紧塞牢
倒刺条(6×25×1500)
(6×24×1200)
地毯
地毯缝合处
8~12
地毯弹性胶垫
8~12
6
水泥钉（两排），中距200～300
楼、地面

(b)

踢脚板见具体设计
地毯塞紧塞牢
倒刺条(6×25×1200)
(6×24×1200)
地毯
地毯弹性胶垫
水泥钉（两排），中距200～300
楼、地面

(c)

楼、地面
钛金或不锈钢压毯收口条
（成品规格）
地毯
收口条上的倒刺钉
8~22
地毯弹性胶垫
6
机螺丝或自攻螺丝
木楔

(d)

图 6-10　固定式(满铺)地毯构造(单位:mm)

的边缘掖到卡条的下端,见图 6-11(a);另一种方法是将地毯毛边掖到卡条与踢脚的缝隙内,见图 6-11(b)所示,避免毛边外露,影响美观。

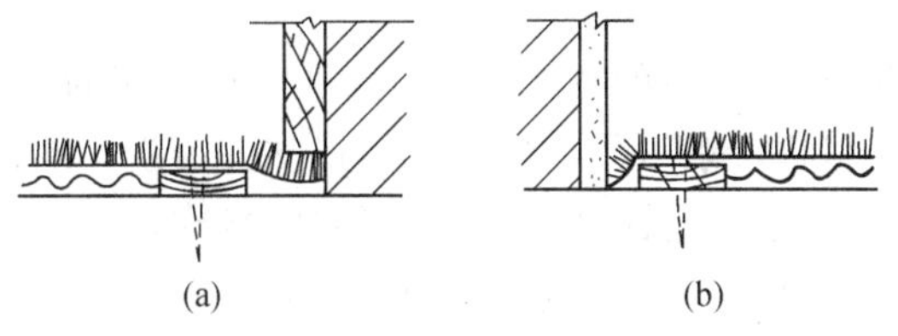

图 6-11　地毯的边缘处理

(a)掖到卡条下端;(b)掖到卡条与踢脚的缝隙内

铺设地毯时,还应使用张紧器(俗称地毯撑子)将地毯从固定一端向另一端推移张紧,用力应适度,防止用力过大扯破地毯,每张紧一段(约 1 m 左右),使用钢钉临时固定,推到终端时,将地毯边固定在卡条上。

地毯的接缝，一般采用对缝拼接。当铺完一幅地毯后，在拼缝一侧弹通线，作为第二幅地毯铺设张紧的标准线。第二幅经张紧后，在拼缝处花纹、条格达到对齐、吻合、自然后，用钢钉临时固定。

薄型地毯可搭接裁割，在头一幅地毯铺设张紧后，后一幅搭盖头幅30～40 mm，在接缝处弹线，将直尺靠线用刀同时裁割两层地毯，扯去多余的边条后，合拢严密，不显拼缝。

接缝粘合：将已经铺设的地毯侧边掀起，在接缝中间放烫带（接缝胶带），其两端用木（或金属）卡条固定，用电熨斗将烫带的胶质熔化后，趁热用压毯铲将接缝辗平压实，使相邻的两幅连成整体。应掌握好电熨斗烫胶的温度，如温度过低，会使黏结不牢，如温度过高，易损伤烫带。

此外，地毯接缝也可采用缝合的方法，把两幅的边缘缝合连成整体。

(7)毯边收口：地毯铺设后在墙和柱的根部，不同材质地面相接处以及门口等地毯边缘处应做收口固定处理。

墙和柱的根部：将地毯毛边塞进卡条与踢脚板的缝隙内。

不同材料地面相接：如地毯与大理石地面相接处标高近似的，应镶铜条或者用不锈钢条，起到衔接与收口的作用，见图6-12。

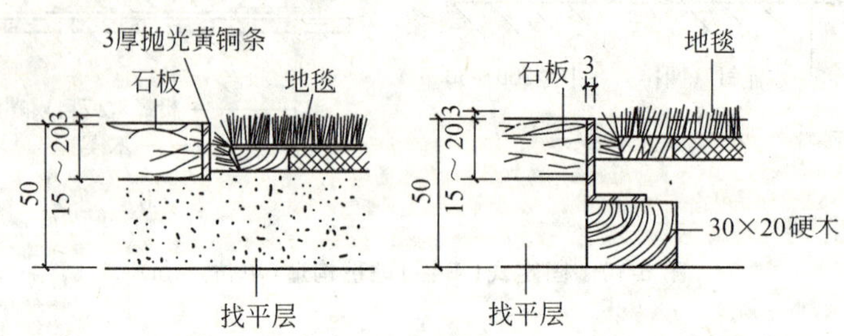

图6-12　不同材质地面相接处的收口处理（单位：mm）

门口与出入口处：铺地毯的标高与走道、卫生间地面的标高不一致时，在门口处应设收口条。用收口条压住地毯边缘显得整齐美观。地毯毛边如不作收口处理容易被行人踢起，造成卷曲和损坏，有损室内装饰环境。

(8)修整、清理：地毯铺设完成后要全面检查一次，如有飞边现象，应用压毯铲将地毯的飞边塞进卡条与踢脚的空隙内，使毯边不得外露，接缝处有绒毛凸出的，应使用剪刀或电铲修剪平整；临时固定用的钢钉应予拔掉；用软毛扫帚清扫毯面上的杂物，用吸尘器清理毯面上的灰尘。

加强成品保护，在出入口处安放地席或地垫，准备拖鞋，以避免和减少污物、泥砂等带进室内。在人流多的通道、大厅等部位，应铺盖塑料布、苫布等加以保护,以确保施工质量。

(9)采用粘贴方式铺设地毯时,铺设前,应在基层上进行弹线找方,房间靠进门的一边应铺设整块地毯。

铺贴时胶粘剂不需满涂,仅在地毯的四周边角和中间部位作散点状涂刷即可。

二、活动式(方块)地毯铺设

(1) 活动式(方块)地毯构造,见图 6-13。

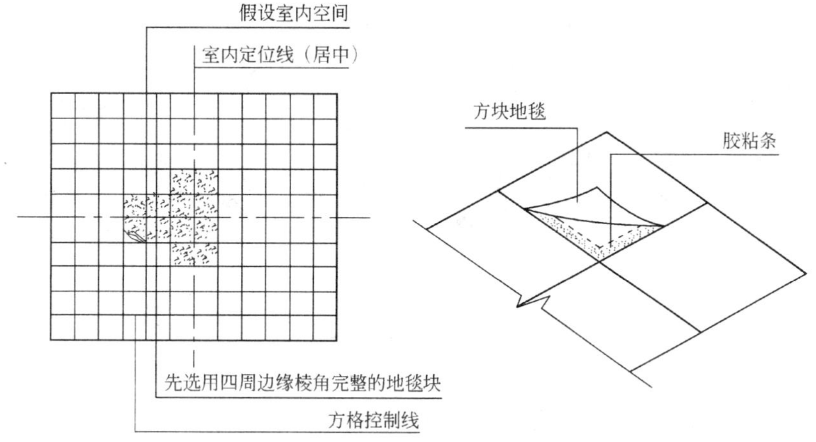

图 6-13　活动式(方块)地毯构造

(2)基层清理:基层要求同“固定式地毯铺设”。

(3)弹控制线:根据房间地面的实际尺寸和地毯的实际尺寸,在基层表面弹出铺设控制线,线迹应正确清楚。进门的一侧应铺设整块地毯,不够整块的应铺设于房间的次要一边或放置家具的一边,以提高地面的装饰效果。

(4)浮铺地毯:按控制线由中间开始向两铺设。铺设前应对地毯块进行挑选,对四周边缘棱角有缺陷的应予剔出,用于地面边角处或不明显处,或裁割后用于非整块处。铺设时应注意一块靠一块挤紧,经使用一段时间后,使块与块密合,不显拼缝。

铺放时,应注意绒毛方向,通常的做法是将一块的绒毛顺光,接着另一块的绒毛逆光,使绒毛方向交错布置,使表面呈现出一块明一块暗,明暗交叉铺设,富有艺术效果。

(5)黏结地毯:在人们活动比较频繁的地面上作活动式地毯铺设时,在基层上宜采用散点式形式涂刷胶粘剂,以增加地毯的稳固性,防止被行人踢起。

地毯铺设完成后,应加强成品保护,保护措施与固定式地毯铺设相同。

三、楼梯地毯铺设

(1)基层清理:将基层清理、打扫干净,阳角有损坏处用水泥砂浆修补完整。

(2)加设固定件:楼梯上固定地毯的固定件有木(或金属)卡条和地毯棍两种形式。木(或金属)卡条固定在踏级的阴角处,卡条上的钉子要朝向阴角,两卡条之间应留 15~20 mm 左右的空隙。地毯棍可采用 $\phi18$ 无缝钢管镀铬或铜管抛光,固定在踏级阴角的踏级板上,见图 6-14。

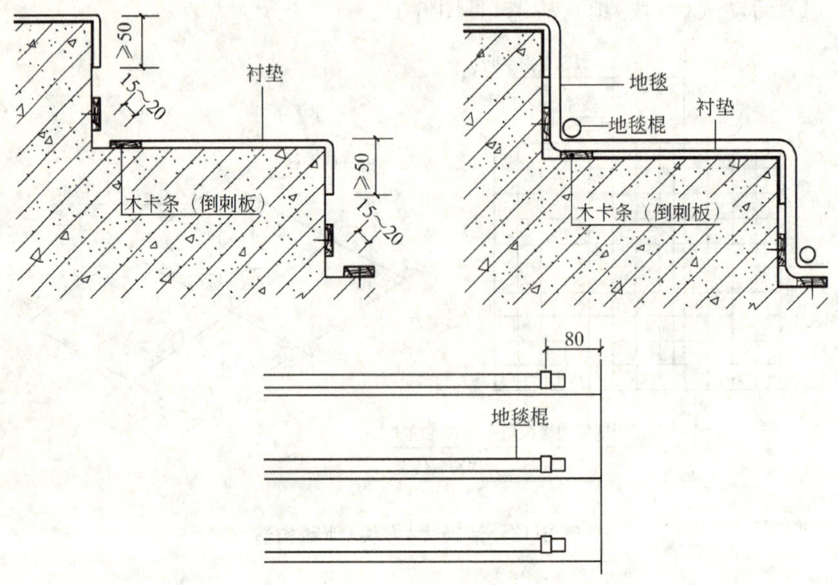

图 6-14　S 楼梯地毯的铺装做法

铺设地毯的楼梯踏级,在作水泥砂浆面层粉刷时,宜将踏级的踢板适当作向里倾斜,预制水泥混凝土踏级和木楼梯踏级,宜作钩脚(即踏级阳角边缘凸出一部分)处理。使行人上下楼梯时,有一个较宽松的感觉。

(3)铺贴衬垫:弹性衬垫铺贴在踏脚板上,其宽度应超过踏脚板 50 mm 以上做包角用,见图 6-15。

(4)铺设地毯:地毯铺设从每个楼梯的最高一级铺起,由上而下逐级进行。起始的接头留在顶级平台适当位置钉牢,在每个梯级的阴角处将地毯绷紧与卡条嵌挂,或者穿过地毯棍。

地毯长度按照踏级的高度与宽度之和乘以楼梯级数所得尺寸,如考虑地毯使用后需转换易磨损部位时,宜再加长 300~400 mm 作预留量。

待铺至最后阶梯时,将地毯的预留量向内折叠钉在底级的踢板上,以便日后转移地毯的磨损部位。

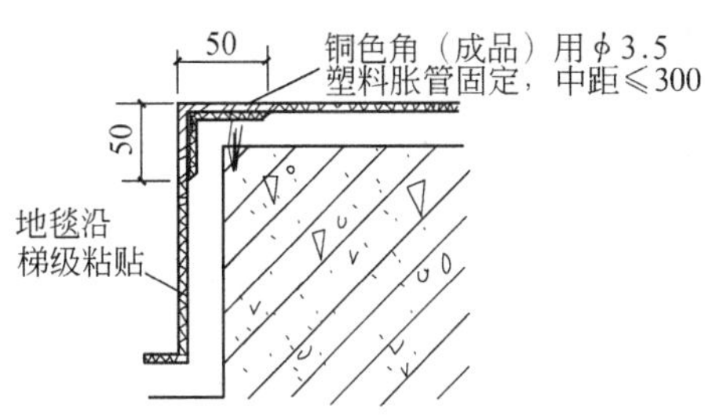

图 6-15 踏级粘贴地毯加压条(单位:mm)

(5)钉防滑条:在踏级阳角边缘安装防滑条,防滑条宜用不锈钢膨胀螺钉固定,钉距 150～300 mm,以稳固不松动为宜。

地毯如采用胶粘剂沿梯级粘贴时,在踏级的阳角上应设加压条,压条宜采用铜包角(成品),用 ϕ3.5 mm 塑料胀管固定,中距不大于 300 mm,见图 6-15。

楼梯由于是上下交通的主要通道,故地毯应在工程临交工前铺设,铺设后应注意加强成品保护,防止污染和损坏。

四、地毯门垫安装构造

地毯门垫安装构造,见图 6-16。

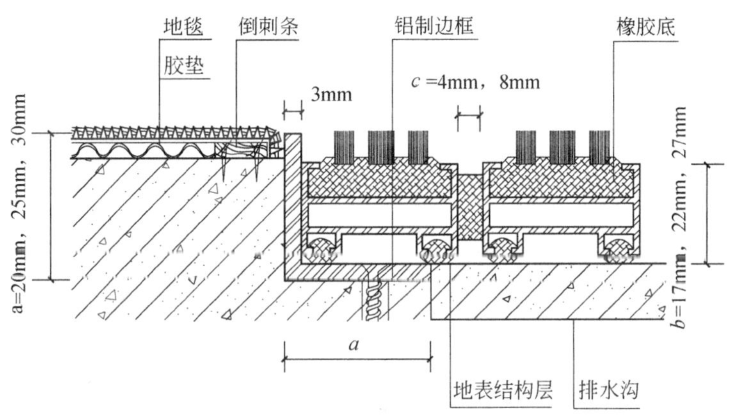

图 6-16 室内及室外地毯门垫安装构造

a—配套边框尺寸;*b*—代表门垫高度;*c*—代表条缝间距

(1)门垫结构材料。

1)承重架:是坚固的铝合金条架。

2)连接件:为钢制件,外套 PVC 塑料外壳。

3)固定件:带螺钉的螺纹接套。

(2)门垫表层材料:为粗毛条、簇植硬刷板、铝刮条、黑色橡胶条和毛刷条。

(3)门垫底层材料:底层装有防噪声的橡胶绝缘条,使门垫被踩踏时无噪声发出。

(4)门垫高度:17 mm、22 mm、27 mm。

(5)条缝间距:4 mm、8 mm。

(6)门垫表层粗毛条颜色:褐色、浅灰色、混米黄色、混蓝色、混绿色。

(7)铝刮条:专门的刮条被安装在条缝之间(仅适用于垫高为 22 mm 和 27 mm,并且缝距为 4 mm 的条件下)。

(8)毛刷条:专门的毛刷条被安装在条缝之间(仅适用于垫高为 22 mm 和缝距为 4 mm、8 mm 的条件下)。颜色有:黑色、灰色和蓝色。

(9)簇植硬刷板:灰色和黑色。

(10)使用特征:门垫具有良好的清洁效果和吸湿性能,它不变形,结实耐用,可卷起易于打扫,为避免门垫绊脚,应与其配套的边框将门垫固定。

(11)材料更新:表层粗毛条、簇植硬刷板和黑色橡胶条在长期使用磨损后是能够被更新的。

第七章　室内装饰工程

第一节　护墙板

护墙板(木墙裙)是一种常用的室内装修,用于人们容易接触的部位。

1. 护墙板安装工序

弹线→检查预埋件→制作安装木龙骨→装订面板。

2. 护墙板安装工艺要点

(1) 弹线、检查预埋件:根据施工图上的尺寸,先在墙上画出水平标高,弹出分档线。根据线档在墙上加木橛或预先砌入木砖,木砖(或木橛)位置应符合龙骨分档尺寸。木砖的间距横竖一般不大于 400 mm,如木砖位置不适用可补设,如图 7-1 所示。

(2) 制作安装木龙骨:全高护墙板根据房间四角和上下龙骨,先找平、找直、按面板分块大小由上到下做好木标筋,然后在空档内根据设计要求钉横竖龙骨。

局部护墙板根据高度和房间大小,做成龙骨架,整片或分片安装。在龙骨与墙之间铺油毡一层防潮。

一般横龙骨间距为 400 mm,竖龙骨间距为 500 mm。如面板厚度在 10 mm 以上时,横龙骨间距可放大到 450 mm。

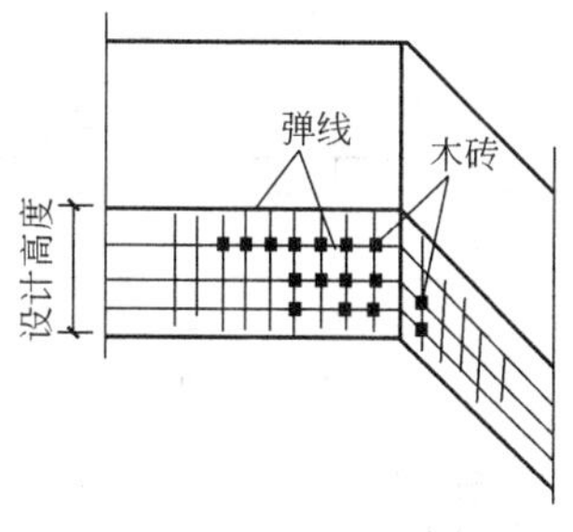

图 7-1　墙面弹线、加木砖

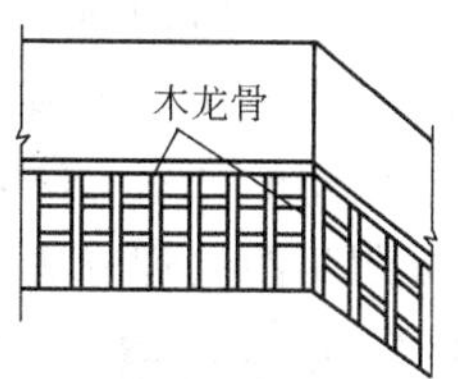

图 7-2　木龙骨的安装

龙骨必须与每一块木砖钉牢。如果没埋木砖,也可用钢钉直接把木龙骨钉入水泥砂浆面层上固定。

当木龙骨钉完,要检查表面平整与立面垂直,阴阳角用方尺套方。调整龙骨表面偏差所垫的木垫块,必须与龙骨钉牢,龙骨安装如图 7-2 所示。如需隔声,中间需填隔声轻质材料。

(3) 装订面板：面板上如果涂刷清漆显露木纹时，应挑选相同树种及颜色，木纹相近似的用在同一房间里，木纹根部向下、对称、颜色一致、无污染，嵌合严密，分格拉缝均匀一致，顺直光洁；如果面板上涂刷色漆时可不限；木板的年轮凸面应向内放置。

护墙板面层一般竖向分格拉缝以防翘鼓。

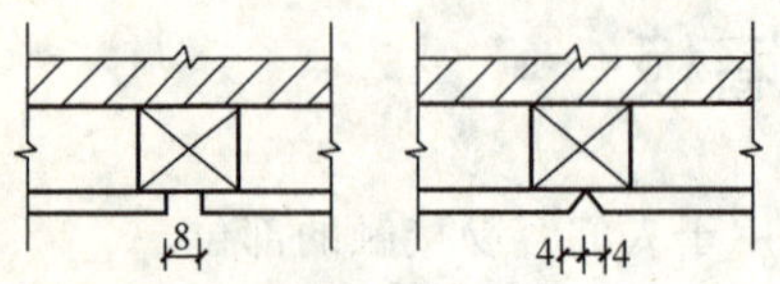

图 7-3　拉缝形式

面板的固定通常是粘钉结合。做法是在木龙骨上刷胶粘剂，将面板粘在木龙骨上，然后钉小钉（目的是为了使面板和木龙骨粘贴牢固），待胶粘剂干后，将小钉拔出。目前均用射钉枪。

护墙板面层的竖向拉缝形式有直拉缝和斜面拉缝两种，如图 7-3 所示。

为了美观起见，竖向拉缝处也可镶钉压条，如图 7-4 所示。

如果做全高护墙板，护墙板纵向需有接头，接头最后在窗口上部或窗台以下，有利于美观，接头形式，如图 7-5 所示。

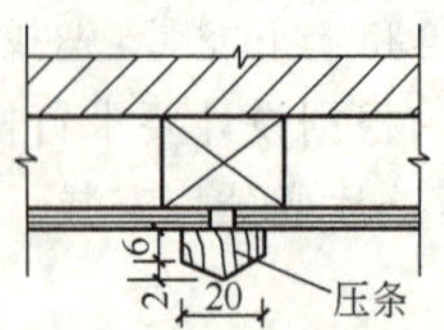

图 7-4　护墙板压条

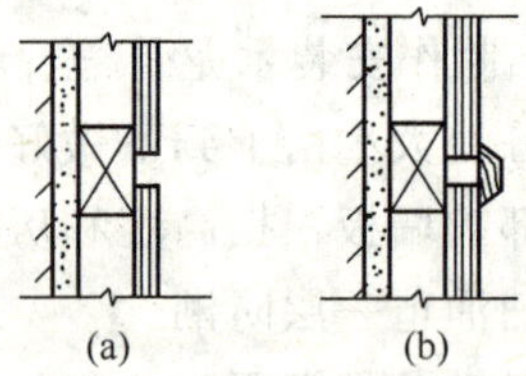

图 7-5　纵向接头

(a)无盖条；(b)有盖条

厚面板作面层时，板的背面应做卸力槽，以免板面弯曲。卸力槽间距不大于 150 mm，槽宽 10 mm，深 5～8 mm，如图 7-6 所示。

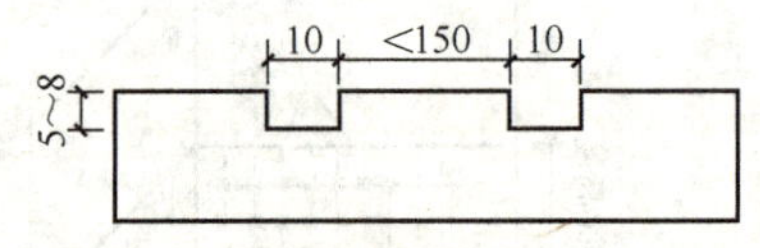

图 7-6　卸力槽

护墙板阳角的处理方法，如图 7-7 所示。

护墙板阴角的处理方法，如图 7-8 所示。

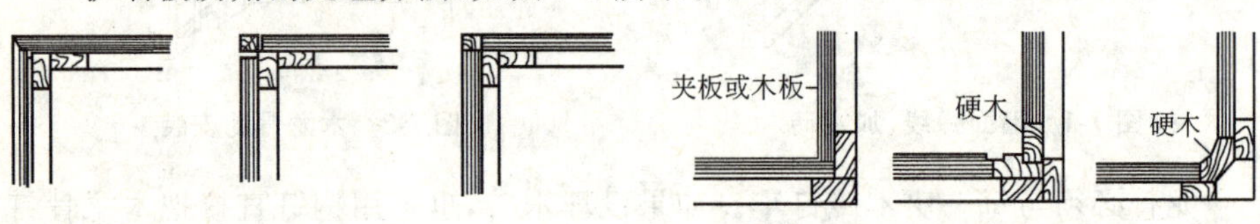

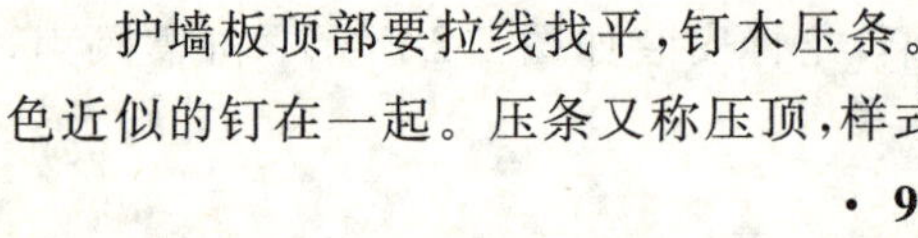

图 7-7　阳角处理

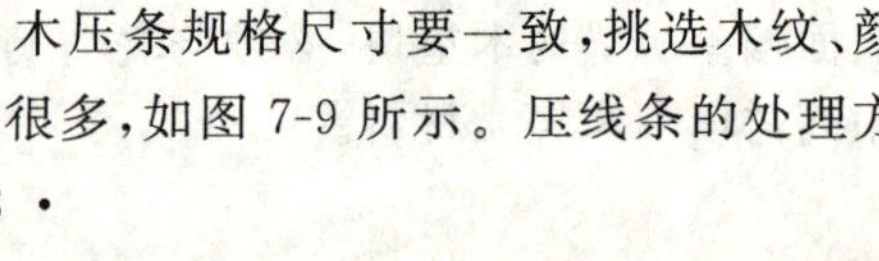

图 7-8　阴角处理

护墙板顶部要拉线找平，钉木压条。木压条规格尺寸要一致，挑选木纹、颜色近似的钉在一起。压条又称压顶，样式很多，如图 7-9 所示。压线条的处理方法，如图 7-10 所示。

护墙板与踢脚板交接处的做法有多种，图 7-11 所示为几种做法。

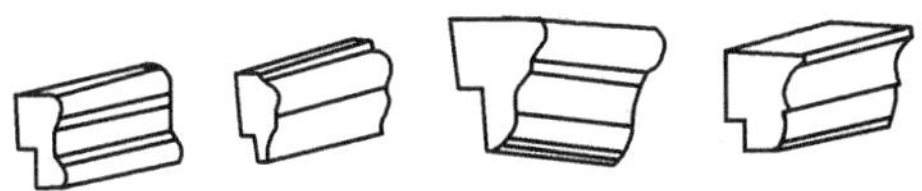

图 7-9　压线条

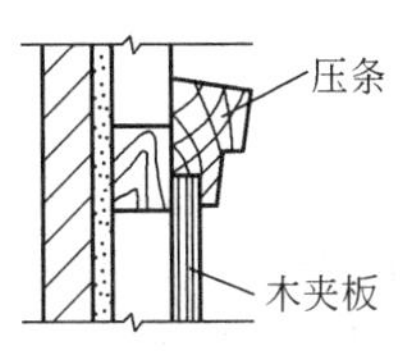

图 7-10　压条的处理

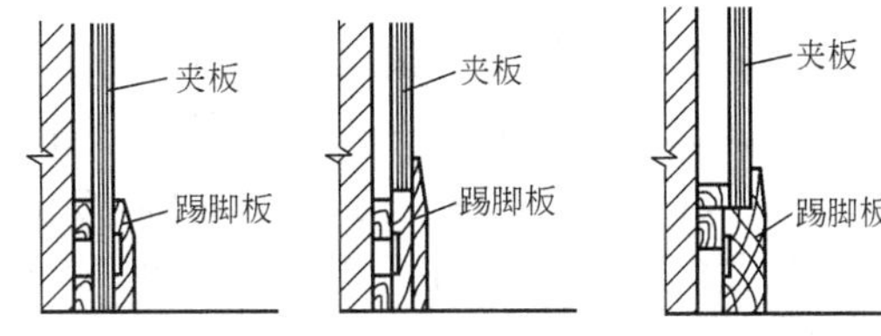

图 7-11　护墙板与踢脚板交接处的几种做法

第二节　门窗套

1. 施工工艺流程

弹线→制作、安装木龙骨→安装底板→安装面板→安装门、窗套木线。

2. 施工要点

(1)弹线。按图样的门窗尺寸及门窗套木线的宽度，在墙、地上弹出门窗套、木线的外边缘控制线及标高控制线。按节点构造图弹出龙骨安装中心线和门窗及合页安装位置线，合页处应有龙骨，确保合页安装在龙骨上。

(2)制作、安装木龙骨。在龙骨中心线上用电锤钻孔，孔距 500 mm 左右，在孔内注胶浆，然后将经防腐的木楔钉入孔内，黏结牢固后安装木龙骨。根据门、窗洞口的深度，用木龙骨做骨架，间距一般为 200 mm，骨架的表面必须平整，组装必须牢固，龙骨的靠墙面必须做防腐处理，其他几个侧面做防火处理。然后将木龙骨按弹好的控制线，用砸扁钉帽的圆钉钉到木楔上。安装骨架时，应边安装边用靠尺进行调平，骨架与墙面的间隙，用经防腐处理过的楔形方木块垫实，木块间隔应不大于 200 mm，安装完的骨架表面应平整，其偏差在 2 m 范围内应小于 1 mm。钉帽要冲入木龙骨表面 3 mm 以上。

(3)安装底板。门、窗套筒子板的底板通常用细木工板预制成左、右、上三块。若筒子板上带门框，必须按设计断面，留出贴面板尺寸后做出裁口。安装前，应先在底板背面弹出骨架的位置线，并在底板背面骨架的空间处刷防火涂料，骨架与底板的结合处涂刷乳胶，然后用木螺钉或气钉将底板钉粘到木龙骨上。一般钉间距为 150 mm，钉帽要钉入底板表面 1 mm 以上。也可以在底板与墙面之间不加木龙骨，直接将底板钉在木砖上，底板与墙体之间的空隙采用发泡胶塞实；若采用成品门、窗套可不加龙骨、底板，直接与墙体固定。

(4)安装面板。安装面板前，必须对面板的颜色、花纹进行挑选，同一房间面板的颜色、花纹必须一致。检查底板的平整度、垂直度和各角的方正度符合要求后，在底板上和面板背面满刷乳胶，乳胶必须涂刷均匀。然后将面板粘贴在底板上。在面板上铺垫 50 mm 宽板条，用气钉临时压紧固定，待结合面乳胶干透约 48 小时后取下。面板也可采用蚊钉直接铺钉，钉间距一般为 100 mm。门套过高，面板需要拼接时，一般接缝放在门与亮子间的横梁中心，没有亮子时，拼缝离地面 1.2 m 以上。拼接应在同一龙骨上，花纹要对齐，不宜纵向接缝。

(5)安装门、窗套木线。门、窗套木线，按设计要求的截面形状、尺寸进行加工制作。门、窗套木线的背面应刨出卸力槽，槽深一般 5 mm 为宜。门、窗套木线的颜色、花纹要与面板相同或配套。门套木线的厚度应大于踢脚板的厚度。安装时，一般先钉横向的，后钉竖向的。先量出横向木线所需的长度，两端锯成 45°斜角（即割角），紧贴在框的上坎上，其两端深处的长度应一致。将钉帽砸扁，顺木纹冲入板面 1～3 mm，钉长宜为板厚的 2 倍，钉距不大于 500 mm，然后量出竖向木线长度，钉在边框上。横竖木线的线条要对正，割角应准确平整，对缝严密，安装牢固。木线的厚度不能小于踢脚板的厚度，以免踢脚板冒出而影响美观。门套木线的内侧与门套应留出 10 mm 的裁口，避免安装合页时损伤门套木线。

第三节 挂镜线

挂镜线是室内装饰中不可缺少的一部分，它既可悬挂装饰品，又可作为装饰线条。挂镜线材料有木制挂镜线、塑料挂镜线、金属挂镜线。材料虽然不同，但施工方法相同。下面以木制挂镜线为例介绍施工技术。

安装要点。

(1)弹线。根据设计图纸要求，并充分考虑与电线盒、拉线开关及窗帘盒位置之间的关系，确定实际安装位置，然后用软透明注水塑料管找出墙面水平高度，划定安装位置线。

(2)裁挂镜线。按照墙面长度尺寸截面挂镜线，注意在房屋阴阳角处要锯切成 45°角斜面对接。挂镜线最好不要在长度上拼接，如要拼接一定要按 45°角斜接，并尽量做到整体通畅。

(3)钉挂镜线。将截面的挂镜线用无头圆钉或打扁帽的圆钉钉于墙面预埋砖或木楔上，钉距以 600～700 mm 为宜。注意在墙面阴阳角处，挂镜线斜接口处一定要外钉牢。

石膏板墙面可用自攻螺钉直接固定在墙体内龙骨上，钉帽要拧进木线内。

第四节 窗帘盒、窗台板和散热器罩

1. 窗帘盒、窗台板和散热器罩的构造

(1)木窗帘盒的构造。

木窗帘盒分为单轨木窗帘盒、双轨木窗帘盒两种，单轨木窗帘盒用于吊单层窗帘；双轨木窗帘盒用于吊双层窗帘。

1)单轨木窗帘盒的构造见图 7-12。

2)双轨木窗帘盒的构造见图 7-13。

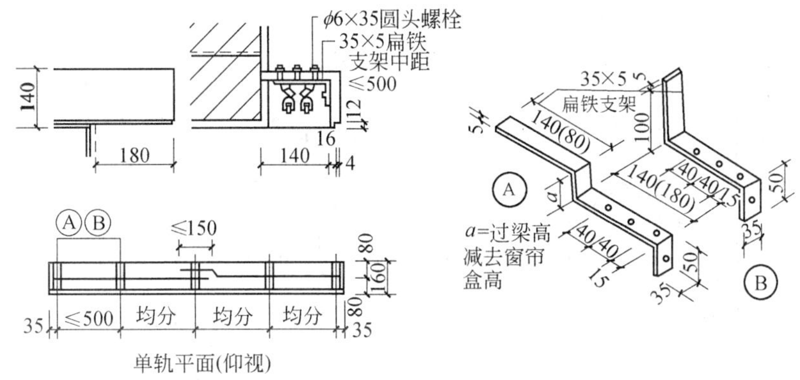

图 7-12 单轨木窗帘盒

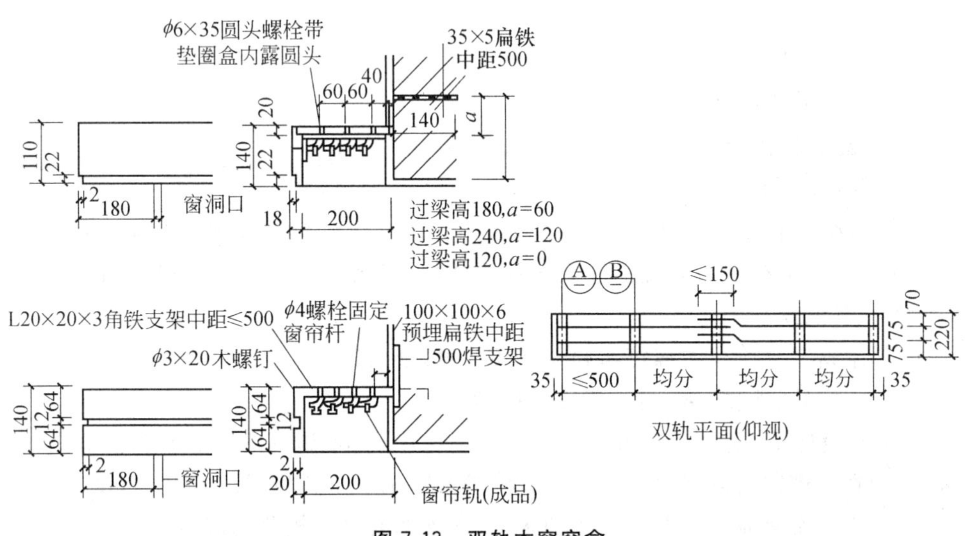

图 7-13 双轨木窗帘盒

(2)木窗台板的构造。

木窗台板的构造见图 7-14、图 7-15。

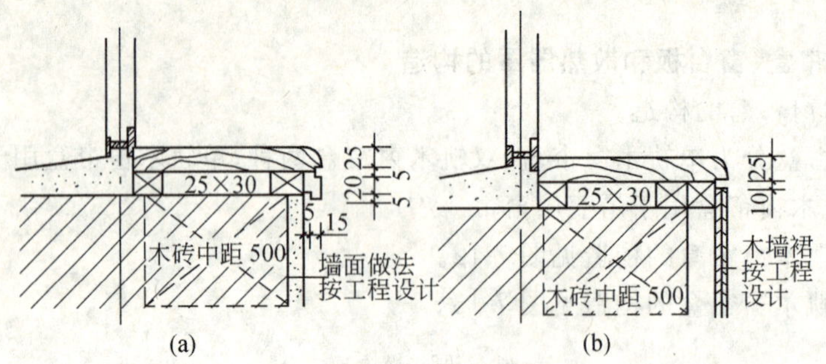

图 7-14　木窗台板构造(一)

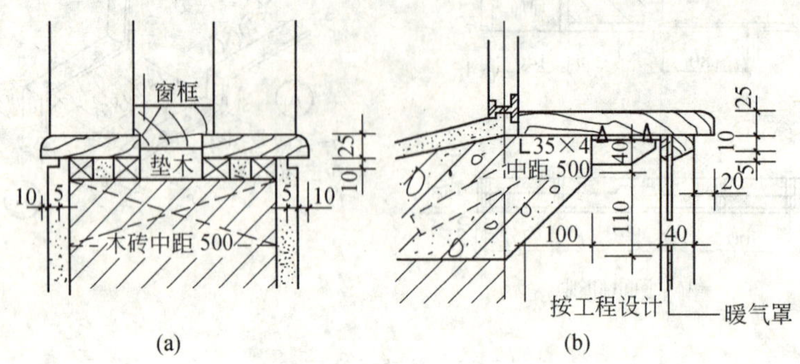

图 7-15　木窗台板构造(二)

(3)木散热器罩的构造。

木散热器罩的构造见图 7-16。

2. 窗帘盒、窗台板和散热器罩施工要点

(1)窗帘盒施工要点。

1)在装木窗帘盒的砖墙上将 35 mm×5 mm 的扁铁支架预埋入墙内，间距 500 mm。也可在钢筋混凝土过梁内预埋铁件，安装时再与扁铁支架板焊牢，或用射钉、膨胀螺栓固定支架。

2)木窗帘盒应用木螺钉与扁铁支架拧紧，牢固连接。

3)窗帘轨、轨扣、滚子和滚阻采用成品。

4)如设计需要做通长窗帘盒时，可增加扁铁支架到墙边，然后再上通长窗帘盒。

5)在木窗帘盒表面可贴木纹纸(竖纹)或贴木纹塑料板面。

6)木窗帘盒应选用花纹美丽的木材，含水率要符合规范的规定。

(2)木窗台板施工要点。

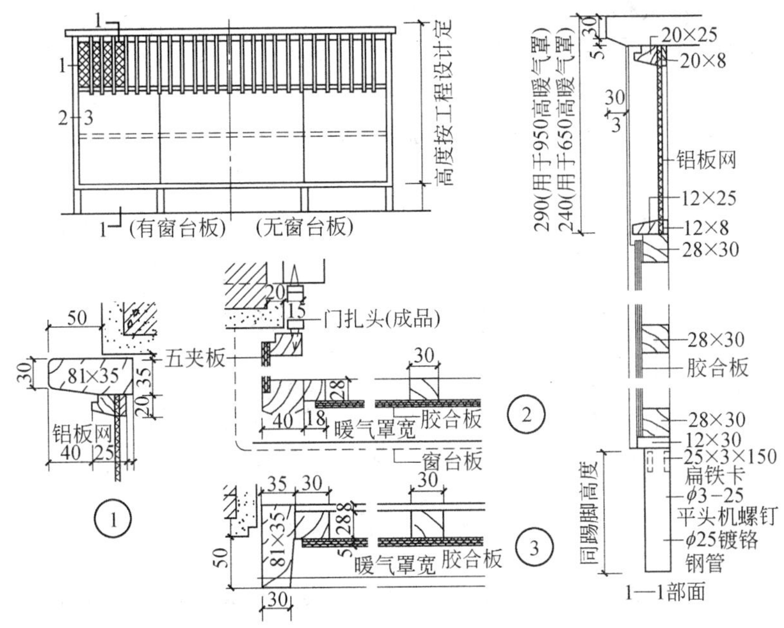

图 7-16　**木散热器罩构造**(单位:mm)

1)木窗台板厚度、宽度、长度尺寸应符合设计要求,与墙面接触处应涂刷防腐剂。

2)安装窗台板时,其两侧伸出窗洞以外的尺寸要一致。

3)窗台板的安装标高应符合设计图纸的规定,并要求保持水平,两端应牢固嵌入墙内,里边宜插入窗框下冒头的裁口内。

4)木窗台板宽度大于 150 mm 时,拼合时应穿暗带;长度超过 1.5m 时,窗台中部应预埋木砖,再用扁头钉钉牢。

(3)木散热器罩的施工要点。

1)木散热器罩的尺寸,应与槽的尺寸相适应。

2)当散热器罩靠墙处留槽深度不足或未留槽时,可选用图 7-14 中的②、③节点;墙体上做散热器槽炉片全部暗装时,可选用图 7-14 中的①、③节点。

3)散热器罩内的净空不得小于 180 mm。

4)散热器罩底部标高与踢脚板高度相同。

第五节　木楼梯

1. 木楼梯的构造形式

木楼梯由斜梁、平台、踏脚板、踢脚板、楼梯柱、柱杆和扶手等组成。具体构造形式有明步木楼梯和暗步木楼梯两种。

(1)明步木楼梯是在斜梁上钉三角木,三角木上铺钉踏脚板和踢脚板,踏步靠墙处应做踏脚板,斜梁的上下两端做吞肩榫。与楼梯平台梁和地搁栅相结合,并用铁件加固,在底层斜梁的下端也可以用凹槽压在垫木上。其构造,如图 7-17 所示。

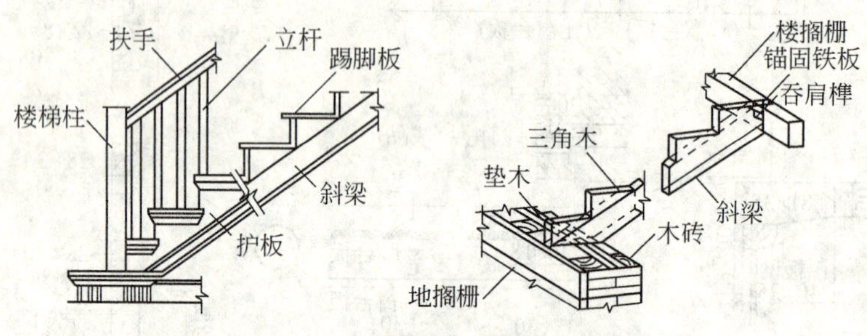

图 7-17　明步木楼梯

(2)暗步木楼梯是在安装踏步板一面的斜梁上开凿凹槽,把踢脚板和踏脚板逐块镶入,然后和另一根斜梁进行合拢靠实,楼梯背面可做灰板条粉刷或钉纤维板等。其构造,如图 7-18 所示。

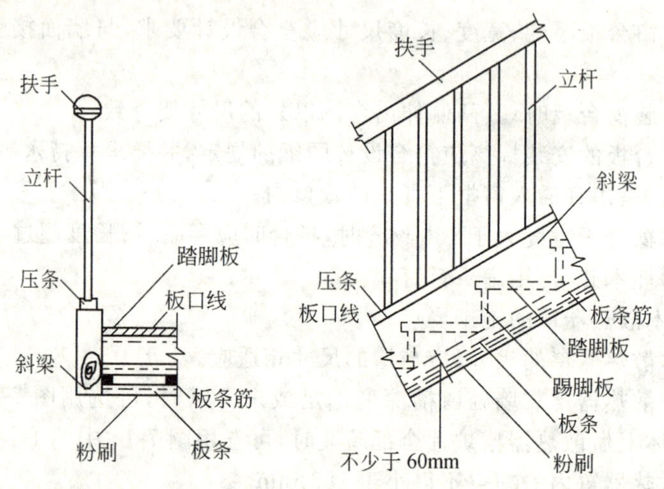

图 7-18　暗步木楼梯

2. 木楼梯的制作安装工序

(1)放大样,制样板。楼梯制作前,在铺平的木板或水泥地上,根据施工图要求,把踏步高度、宽度、级数、三角木及平台尺寸放定大样,制作样板。

(2)配料。配料时注意楼梯斜梁应包括两端榫头尺寸在内,踏脚板须用整块木板，厚度为 30～40 mm。明步木楼梯的踏步板长度要考虑挑出护板的尺寸。踏脚板与踏步板需用开槽方法连接，踢脚板厚度为 20～25 mm。明步木楼梯踢脚板长度要考虑与护板做 45°割角的尺寸。三角木厚度为 50 mm 左右。制作三角木时，应使三角木的最长边平行于木纹方向。斜梁配制时，应将木节、斜纹向上放置。斜梁与平台梁的榫肩，应上口不留线，下口留墨线。护板成踏步形，但不宜事先锯割。为避免踢脚板与护板的端头木纹不外露，两者的交接处应锯成 45°的割角相连。楼梯柱与踏步板及扶手的结合处要做榫头，栏杆与扶手的结合处可做半榫。

(3)安装搁栅、斜梁。先定出楼搁栅的中心线和标高线，然后再安装楼、地搁栅，最后安装斜梁，三角木应由下而上依次铺钉。钉好三角木后，需用水平尺把三角木顶面校正，并拉线使三角木顶端在同一直线上。

(4)安装踏脚板和踢脚板。踏步板与踢脚板连结的槽口要密缝。如不采取冲头三角木，则踏步板与踢脚板应互相垂直。相邻踏步板以及相邻踢脚板均应互相平行。

(5)安装栏杆、扶手。分别将栏杆榫接在踏步板或斜梁的压条上，然后将已榫接好的扶手和楼梯柱一起安装上去，使四部分榫接成整体。安装立杆前，应检查其杆长、榫长、榫肩的斜度，注意观感。立杆长度不等或立杆榫尺度过长，都会引起扶手安装后顶面不平直。安装靠墙踢脚板时，应将其锯成踏步形状，先进行试放，检查结合是否紧密，然后再安装。

(6)安装斜梁外部护板时，须将护板锯成踏步形状。为使踢脚板顶头不外露，踢脚板与外护板的接合处应锯成剖面后装钉。

第六节 护栏和扶手

1. 护栏和扶手的构造

楼梯护栏和扶手可分为有栏板楼梯高扶手、空花楼梯护兰扶手及靠墙木扶手三种。

(1)有栏板楼梯高扶手，见图 7-19。

(2)空花楼梯护栏扶手，见图 7-20。

(3)靠墙木扶手，见图 7-21。

(4)木扶手断面形式，见图 7-22。

2. 护栏和扶手的施工要点

(1)选用顺直、少节的硬木好料，花样必须符合设计规定，制作弯头前应做实样板；

(2)接头均应在下面做暗燕尾榫，接头应牢固，不得错牙；

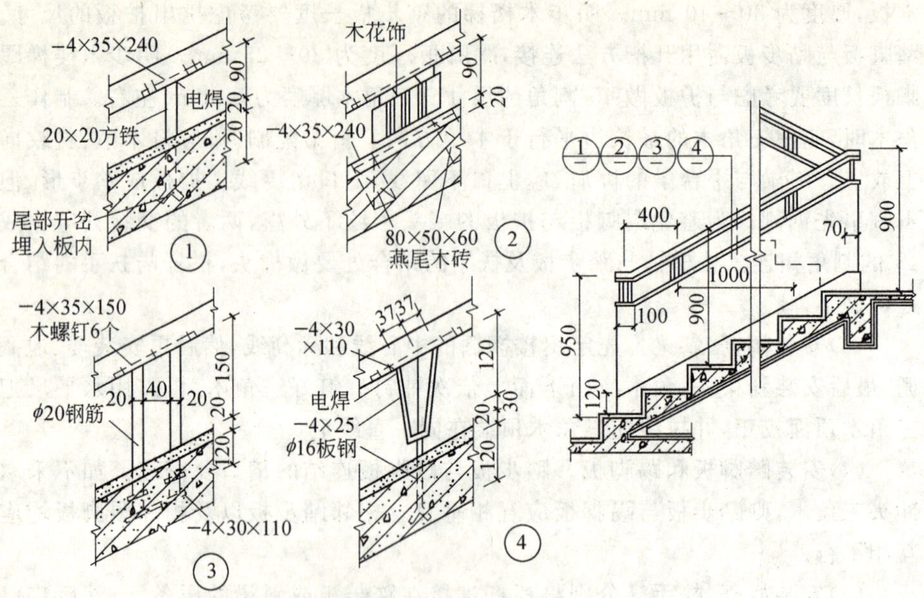

图 7-19 有栏板楼梯高扶手

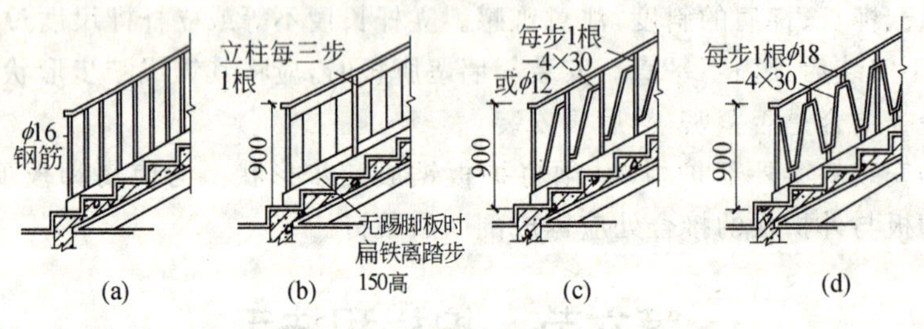

图 7-20 空花楼梯护栏

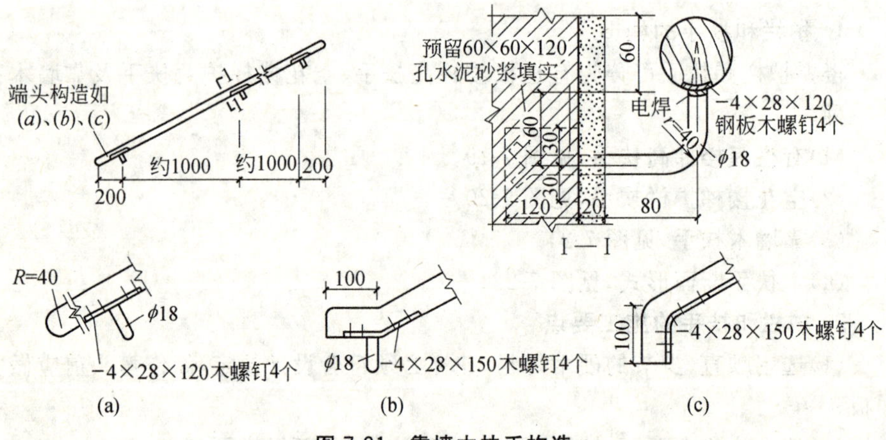

图 7-21 靠墙木扶手构造

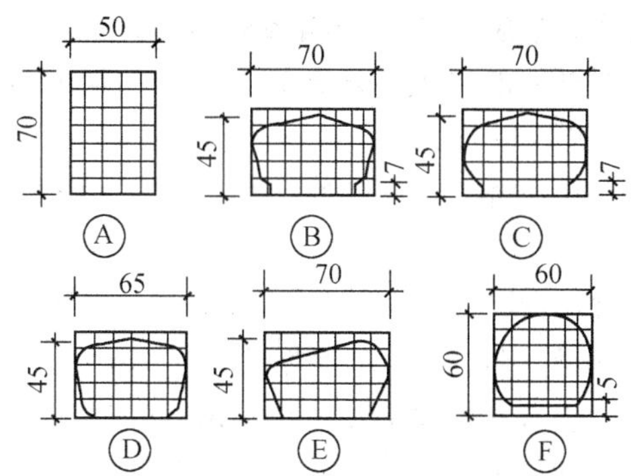

图 7-22　扶手断面

(3)在混凝土护栏上安装扶手时，垫板应与木砖钉牢，垫板接头应做暗榫，垫板上的花饰要分均匀，并保持垂直，垫板花饰用螺钉拧紧，不得松动；

(4)在铁护栏上安装扶手时，扶手下面的木槽应严密地卡在护栏的铁板上，并用螺钉拧紧；

(5)安装靠墙扶手时，应按图纸要求标高弹出坡度线，预埋好木砖或稳固法兰盘，然后将木扶手与法兰盘结合牢固；

(6)木纹花饰，在花饰上做雄榫，在垫板扶手下做雌榫，用木螺钉拧紧。

第七节　橱柜制作与安装

1. 施工工艺流程

放线定位→框架安装→隔板、支点安装→柜扇安装→五金安装。

2. 施工要点

(1)成品、半成品橱柜安装施工。

1)放线定位。根据设计图样的要求，以室内垂直控制线和标高控制线为基准，弹出壁柜、吊柜、窗台柜的相应尺寸控制线，其中吊柜的下皮标高应在 2.0 m 以上，柜的深度一般不宜超过 650 mm。

2)框架安装。安装前先对框架进行校正、套方，在柜体框架安装位置将框架固定件与墙体木砖固定牢固，每个固定件不少于 2 个钉子。若墙体为加气混凝土或轻质隔墙时，应按设计要求进行固定，如设计无要求时，可预钻 ϕ15、深 70～100 mm 的孔，并在孔内注入胶粘水泥浆，再埋入经过防腐处理的木楔，待黏结牢固后再安装。

采用金属框架时，需在安装固定框架的位置预埋铁件，在校正、套方、吊直及标高位置核对准确无误后，对框架进行焊接固定。

3)隔板、支点安装。按施工图样的隔板标高位置及支点构造的要求,安装支点条(架),木隔板的支点一般将支点木条钉在墙体的预埋木砖上,玻璃隔板一般采用与其匹配的U形卡件进行固定。

4)框扇安装。壁橱、吊柜、窗台柜的门扇有平开、推拉、翻转、单扇、双扇等形式。

①按图样要求先核对检查框口尺寸,并根据设计要求选择五金件的规格、型号及安装方式。并在扇的相应部位定点划线。框口高度一般量左右两端,框口宽度量上、中、下三点,图样无要求时,一般按扇的安装方式、规格尺寸确定五金件的规格、型号。一般对开扇裁口的方向,应以开启方向的右扇为盖口扇。

②根据画线进行框扇修刨,使框、扇留缝合适,当框扇为平开、翻转扇时,应同时划出框、扇合页槽位置,划线时应注意避开上下冒头。然后用扁铲剔出合页槽,安装合页。安装时,先装扇的合页,并找正固定螺钉。接着试装柜扇,修整合页槽深度,调整框扇边缝。合适后固定于框上,每只合页先拧一颗螺钉,然后关闭门扇,检查框与扇平整、缝隙均匀合适、无缺陷且符合要求后,再将螺钉全部安上拧紧、拧平。

安装时应注意木螺钉钉入全长的1/3,拧入2/3。若框、扇为黄花松或其他硬木时,合页安装螺钉应定位后先打孔,孔径为木螺钉直径的0.9倍,孔深为螺钉长度的2/3。

③若为对开扇应先将框扇尺寸量好,确定中间对开缝、裁口深度,划线后进行裁口、刨槽,试装合适后,先装左扇,后装盖扇。

④若为推拉扇,应先安装上下轨道。吊正、调整门扇的上、下滑轨在同一垂直面上后,再安装门扇。

⑤若柜扇为玻璃或有机玻璃,应注意中间对开缝及玻璃扇与四周缝隙的大小。

5)五金安装。五金的品种、规格、数量按设计要求和橱柜的造型与色彩选择五金配件。安装时注意位置的选择,无具体尺寸时应按技术交底进行。

(2)现场制作、安装橱柜。

1)放线定位。根据房间实际尺寸结合设计图样的要求,以室内垂直控制线和标高控制线为基准,弹出壁柜、吊柜、窗台柜的相应尺寸控制线,其中吊柜的下皮标高应在2m以上,三种柜的深度一般不宜超过650 mm。

2)框架安装。根据设计图样要求及壁橱、吊柜、窗台板所在的位置与尺寸,在墙体上用电锤钻孔,孔径ϕ15、孔深70 mm、孔距500 mm,成梅花形布置,钉防腐木楔。然后根据现场实际尺寸采用木工板(大芯板或多层板)作为底板加工制作框架,板与板之间的连接可采用木楔连接或铁钉连接,铁钉间距不大于300 mm,连接处应刷乳胶漆。框架安装时,先根据墙面木砖位置在橱柜框架上划好标志，并在框架背面刷好防腐涂料。找正、吊直调整准确后，用 100 mm 铁钉将框架在墙上固定。

3)隔板、支点安装。按施工图样的隔板标高位置及支点构造安装支点条(架)，木隔板支点可采用支点木条钉在墙体的预埋木砖上，再安隔板；也可以采用直接将隔板用铁钉固定在框架上，还可以采用 U 形卡件或不锈钢条支点安装隔板。玻璃隔板一般采用与其匹配的 U 形卡件作为支点进行固定，也可以采用不锈钢钉(条)作为支点。

4)饰面板安装。饰面板一般采用三合板，材质及纹理应与门扇饰面一致，作业时，细木工板表面与饰面板背面均刷乳胶，在同一房间，应挑选纹理、色泽一致的饰面板，不得在表面钉钉子，而应在面层上铺垫 50 mm 宽板条，并待结合层胶干透后取下，面板用气钉铺钉，钉间距 100 mm。各口收边条均采用 7 mm 厚，与橱柜饰面相同材质的实木线条收边。

5)柜扇制作、安装。柜扇可由厂家加工，也可现场制作，按设计要求的柜扇形式和框口实际尺寸，用木工板作为底板加工柜扇，柜扇两面贴与框体相同的饰面板，四周以实木线条封边，其安装方法同“成品、半成品橱柜安装施工”。

6)五金安装。五金的品种、规格、数量按设计要求的橱柜的造型与色彩选择五金配件。安装时注意位置的选择，无具体尺寸时，操作应按技术交底进行，一般应先安装样板，经确认后再进行大面积安装。

第八章 装饰装修木工安全操作技术

(1)严格遵守安全规章制度，确保安全生产。

(2)施工人员进入施工现场必须经三级安全教育，即施工单位专职安全人员对施工人员进行的安全教育，施工队对工人进行的施工现场安全教育，班组针对本工种进行操作项目的安全教育。特别是新工人必须经过安全教育并经考核合格后方可上岗。

(3)参加施工人员，要熟知本工种的安全技术操作规程，在操作过程中要坚守工作岗位，严格遵守操作规程。

(4)施工区域条件不一，作业环境不同，电气设备多，机械、材料多，杂物多，每个人要正确使用好个人安全防护用品，严禁赤脚、穿拖鞋或带钉的鞋进入操作岗位。

(5)进入施工区域的人员必须戴安全帽，高处作业者要正确系好安全带。

(6)施工区域内的一切安全设施不得擅自拆改。

(7)进入施工区域，非本工种人员禁止乱摸、乱动各种机械电器设备，不得在起重机械吊物下停留，不得钻到车辆下休息。

(8)禁止在楼层卸料平台处把头伸入井架内或在外用电梯楼层平台处张望。

(9)注意建筑物内的各种孔洞，特别要注意“四口”(通道口、预留洞口、楼梯口、电梯井口)的防护，上脚手架注意探头板及周边防护，不得冒险跨越。

(10)高处作业时，严禁向下扔任何物体，上下建筑物要走斜道，不得往下蹦跳。无可靠防护，在 2 m 以上高处、悬崖和陡坡作业，要系好安全带。

(11)进入施工区域严禁打闹，吸烟到吸烟室，用火要办用火证，严禁酒后上岗操作。

(12)特种作业人员，必须持证上岗。

(13)从事高处作业人员要定期身体检查。凡患有高血压、心脏病、贫血症、癫痫病以及其他不适于高处作业人员，不得从事高处作业。

(14)高处作业人员应穿紧身工作服，即袖口、下摆、中腰有调节的钮扣和腰带，裤脚应裹紧，以防止在行走中刮碰，造成身体失去平衡，发生坠落事故。

(15)电气设备必须接零、接地，手持电动工具，要设置漏电掉闸装置。

(16)乙炔发生器和氧气瓶的安全附件，都要齐全有效，并保持安全距离。

(17)各种施工机械要完好，不准“带病”运转，不准超负荷使用，机械设备的危险部位，要有安全防护装置，并定期检查。

(18)搭设脚手架、井字架、挑架等,所用材料和搭设方法必须符合安全要求;搭设完毕要经过施工负责人验收,合格后方能使用。

(19)架设临时电线必须符合当地电业局的规定,线路必须绝缘良好,电动机械要做到一机一闸,遇有临时停电或停工时,要拉闸断电。

(20)高处作业时所用的物料,均应堆放平稳,不妨碍通行和装卸。工具应随手放入工具袋。作业中的走道、通道板和登高用具,应随时清扫干净。拆卸下的物件及余料和废料均应及时清理运走,不得任意乱置或向下丢弃。传递物件严禁抛掷。

(21)雨天和雪天进行高处作业时,必须采取可靠的防滑、防寒初防冻措施。凡有冰、霜、雪均应及时清除。

(22)因工发生事故,应及时报告上级。

附录

附录一　装饰装修木工职业技能标准

第一节　一般规定

装饰装修木工职业环境为室内、室外、自然气温条件下。

第二节　职业技能等级要求

一、初级装饰装修木工

1. 理论知识

(1)应知一般识图和房屋构造的基本知识；

(2)应知常用木材、人造板的种类、性能和用途，木材的防火、防蛀、防潮、防腐、干燥方法；

(3)应了解装饰装修工程中所用木材的含水率以及防止木制品变形的一般方法；

(4)应熟悉常用胶粘剂的性能、使用和保管方法；

(5)应熟悉普通吊顶工程施工的一般规定；

(6)应掌握普通木门窗、门窗套、固定柜橱等制作方法；

(7)应掌握木制品制作的拼缝及一般榫头的制作方法；

(8)应掌握普通地板、木线、踢脚板安装的方法；

(9)应掌握常用木工机械的使用以及常见故障原因；

(10)应了解本工种的安全技术操作规程、施工验收规范、质量评定标准及相关配套标准；

(11)应掌握常用木工检测工具的使用方法。

2. 操作技能

(1)会正确使用水平尺与线坠进行找平、吊线和弹线；

(2)会修、磨、拆、装木工自用工具，会操作与维护常用木工机械；

(3)会独立锯料、刨料、打眼、开榫、起槽、裁口等；

(4)会制作、安装一般木门窗；

(5)会制作、安装一般木门窗套、窗帘盒、固定柜橱、窗台板等；

(6)会安装木制龙骨、金属龙骨、轻钢龙骨石膏板、矿棉板等；

(7)会安装一般门锁、五金配件；

(8)会安装木线、踢脚板、普通地板；

(9)应正确使用常用电动工具及制作简单手工工具。

二、中级装饰装修木工

1. 理论知识

(1)会看较复杂的装饰施工图；

(2)应熟悉建筑力学的一般知识，木结构的一般知识；

(3)应掌握木楼梯、栏板和扶手弯头的制作方法；

(4)应掌握复杂门、窗的制作方法和步骤；

(5)应掌握艺术吊顶龙骨和罩面板安装的方法；

(6)应掌握各种黏结材料的性能和使用方法；

(7)应掌握水准仪的基本原理和使用维护方法；

(8)应掌握软包墙面、玻璃隔断、木折叠隔断的制作与安装方法；

(9)须具有班组管理能力和协调能力；

2. 操作技能

(1)应依照图纸进行施工测量放线、放大样；

(2)会制作、安装格子玻璃门窗、百叶门窗、双扇弹簧门、暗推拉门窗、圆形门窗；

(3)会制作、安装顶棚、反光灯槽、护墙板、木楼梯、栏板、弯头、花饰等细部工程；

(4)会排、铺条形木席纹地板、复合地板、防静电活动地板、塑料地板等；

(5)会按图计算工料；

(6)须掌握各分项工程自检、互检及交接检工作；

(7)会安装各种饰面板的木护墙、墙裙，并对饰面板的颜色、花纹作调整和拼接。

三、高级装饰装修木工

1. 理论知识

(1)会看本职业复杂建筑结构图及装饰施工图；

(2)应了解新材料的物理与化学性能知识和使用要求；

(3)应掌握木制自动门、旋转门的安装方法；

(4)应掌握特殊门窗的制作方法；

(5)应了解国家现行有关标准和规定，对装饰装修工程所用材料的品种、规格、性能应符合设计的要求；

(6)应了解古建筑的木装修施工工艺；

(7)应掌握本职业质量验收要求及预防质量通病和处理方法；

(8)应掌握螺旋形楼梯、栏杆与扶手的制作工艺和方法；

(9)应掌握各种格扇和挂落制作方法;

(10)应了解新技术、新材料、新工艺和新设备的有关信息;

2. 操作技能

(1)会制作、安装螺旋形楼梯和木楼梯栏杆与扶手;

(2)会制作、安装各种形式的格扇(如乱冰纹、花椒眼、灯笼心等)和挂落;

(3)会安装各种电子感应自动门及转门、不锈钢板包门框、无框全玻门、闭门器等;

(4)会制作一般木模型;

(5)应能正确处理、协调各工种和工序施工之间的操作与衔接;

(6)应参与编制本工种施工方案并组织施工;

(7)能对初、中级工进行示范操作、传授技能。

四、装饰装修木工技师

1. 理论知识

(1)会看复杂工程构造图、识读大样图;

(2)应掌握大样图节点的绘制方法;

(3)应掌握复杂木装修施工工艺卡的编制要求;

(4)应了解古建筑中装饰制品的类别及修缮知识;

(5)应熟悉古建筑及各种花饰制品的分类及制作工艺和方法;

(6)应掌握复杂木装修放大样及样板的制作方法;

(7)应掌握高档装修成品保护方法与措施;

(8)应熟悉各种木工机械设备的种类、性能、选择原则、明确布置要求;

(9)应熟悉新技术、新材料、新工艺、新设备的应用;

(10)应掌握计算机的基本操作方法。

2. 操作技能

(1)会对木工制品进行工、料分析,编制用料清单;

(2)会放大样,并能制作其样板;

(3)会制作、安装各种形式复杂的格扇和挂落;

(4)会仿古式门窗的制作安装;

(5)会修缮古式木飞檐、斗拱及屋顶;

(6)会制作特殊工程中的中、小型工具;

(7)应对中、高级工操作技能进行示范及传授技艺;

(8)能解决本工种操作技术上的疑难问题。

五、装饰装修木工高级技师

1. 理论知识

(1)应掌握复杂图纸会审与施工技术交底;

(2)应掌握各工种交叉作业施工的顺序与操作要点;
(3)应掌握复杂房屋构造及其原理;
(4)应能编制大型装饰装修项目的施工组织设计方案;
(5)应掌握各种角度、弯度、圆形计算的方法;
(6)应掌握绘制节点详图方法及细部制品的设计工艺;
(7)应掌握新技术、新材料、新工艺、新设备的应用知识;
(8)应掌握计算机绘图的基本知识。

2. 操作技能

(1)会绘制本工种复杂施工图及节点大样图;
(2)会编制和设计木装修施工工艺方案;
(3)应参与编制大型装饰装修工程的施工组织设计;
(4)会编制本职业新技术、新材料、新工艺、新设备的施工方案;
(5)会制作、安装仿古门窗格扇和亭阁;
(6)会对各种有角度、弯度、园形的简便计算;
(7)会对工艺复杂木制品、样板间进行施工指导及技艺示范;
(8)应对高级工、技师进行指导和传授技能;解决技术疑难问题。

附录二　装饰装修木工职业技能考核试题

一、填空题(10题,20%)

1. 木门框的上冒头与门框梃的连接,常用 双夹榫 。
2. 墙在建筑物中的作用为 承重、围护、分隔 。
3. 常用于制作木地板、木装修为 水曲柳 。
4. 长刨又叫细刨,适用于 刨削木材长料和表面精细加工 。
5. 木楼梯踏步板若为拼板制作,则 企口缝 为较好的一种方式。
6. 木挂镜线的接头应做 斜口压岔接 结合,背面开槽,并紧贴抹灰面。
7. 人造板中的有害物质主要是 游离甲醛 。
8. 壁纸中有害物质主要是 甲醛 。
9. 铝合金门框与墙体的缝隙,应用 矿棉式玻璃棉毡 填实,然后外表面再填嵌油膏。
10. 刨的刨刀平面应磨成一定的形状,即形成 直线形 。

二、判断题(10题,10%)

1. 木材在建筑工程中,主要用于建筑装饰装修。 (√)
2. 一般民用建筑是由基础、墙或柱、楼地面、楼梯、屋顶、门窗等主要部分组成。 (√)

3. 为了加强安全操作,在平刨车上木材刨制加工时,应扎紧衣袖、戴好手套。（√）

4. 乳胶又叫白乳胶,它使用方便,胶液浓,可任意加水后拌匀使用。（×）

5. 纵锯木料时,必须使用导直尺或直边挡板。（√）

6. 钻头机械的夹头滚柱等转动部分和电机要定期加润滑油。（√）

7. 电圆锯的碳刷要经常保持清洁,并使其在夹内自由滑动。（√）

8. 刨刃用久后,刃口会变钝或缺口,需进行研磨。（√）

9. 木弯头与扶手连接处,设在第一踏步的上半步或下半步处。（√）

10. 木楼梯扶手安装时一般由下向上进行。（√）

三、选择题(20 题,40%)

1. 吊顶安装双层纸面石膏板时,面层板与基层的接缝应错开,__B__在同一根龙骨上安装。

A. 可以　　B. 不得　　C. 不宜　　D. 必须

2. 隔墙两侧的石膏板及龙骨一侧的内外石膏板应错缝排开,接缝__B__落在同一根龙骨上。

A. 不宜　　B. 不得　　C. 可以　　D. 宜

3. 隔墙端部的石膏板与周围的墙或柱应有__A__mm 距离。

A. 3　　B. 5　　C. 15　　D. 10

4. 木楼梯段靠墙踢脚板,是__C__的做法。

A. 踱步之间用三角板,上口用通长木板条

B. 都是三角形木板做成

C. 通长木板上挖去踏步形状

D. 都可以

5. 民用建筑工程为防污染所选用的材料必须符合__B__规定。

A. 设计　　B. 规范　　C. 业主　　D. 领导

6. 制作木弯头的木料,必须从大木方料上__B__出方而得。

A. 直纹　　B. 斜纹　　C. 正纹　　D. 随意

7. 下列防腐剂有剧毒的是__B__。

A. 氟化钠　　B. 氟砷铬合剂

C. 硼铬合剂　　D. 铜铬合剂

8. 吊顶安装双层石膏板时,上下层板的接缝应错开,__C__在同一根龙骨上接缝。

A. 不应　　B. 不宜　　C. 不得　　D. 可以

9. 下列不属于建筑材料的“三大材”的是__D__。

A. 钢材　　B. 木材　　C. 水泥　　D. 石灰

10. 下列木材较易干燥的是＿A＿。

A. 杨木　　B. 水曲柳　　C. 落叶松　　D. 柞木

11. ＿A＿主要适用于建筑装饰装修中的隔热、保温、吸声等。

A. 纤维板　　B. 刨花板　　C. 木丝板　　D. 木屑板

12. 胶合板按使用树木分为落叶树材胶合格和＿C＿。

A. 夹心胶合板　　B. 复合胶合板

C. 针叶树材胶合板　　D. 室内胶合板

13. 门芯薄板的拼接操作中，要求板缝不透光不透风，并拼接牢固，最好采用＿C＿。

A. 正口接法　　B. 裁口接法

C. 穿条接法　　D. 裁钉接法

14. 用墨斗弹线时，为使黑线弹得正确，提起的线绳要＿C＿。

A. 保持垂直

B. 提得高

C. 与工件面成垂直

D. 多弹几次，选择较好的一条

15. 在木门扇的制作中，门芯用料的厚度为＿C＿。

A. 比边梃厚　　B. 比边梃薄

C. 与边梃相同厚　　D. 随便

16. 铺设木地板时，房间中靠墙的地板应＿D＿铺设。

A. 紧贴四边墙　　B. 紧贴左右两边墙

C. 紧贴前后两边墙　　D. 离开四边墙各 10 mm

17. 门窗贴胸的交角位置不准，割角线不在贴脸板的内、外对角线上，此时应＿D＿。

A. 敲击贴脸板，使之移动对位

B. 移动贴脸的交角的端部，使之对位

C. 切割交角，调整位置

D. 拆下重新安装

18. 木挂镜线的接头应作成＿D＿接合，背面开槽，并紧贴抹灰面。

A. 平接　　B. 销接

C. 企口接　　D. 斜口压岔接

19. 在对木板拼接配料时，首先要注意的是各散块木块的＿C＿。

A. 宽度一致　　B. 颜色一致

C. 纹理方向一致　　D. 长度一致

20.以下是木材的生理现象缺陷的是__A__。

A. 斜纹　　B. 腐朽　　C. 虫害　　D. 裂纹

四、问答题(5题,30%)

1.常见的木材缺陷有哪几种?

答:常见的木材缺陷有以下几种:(1)节子;(2)腐朽;(3)虫害;(4)斜纹;(5)裂纹。

2.木材为什么会腐朽?怎样防止木材腐朽?

答:木材的腐朽是由于受木腐朽菌的侵蚀,在适当的温度的情况下,有一定的空气与一定的养分,都能使木腐朽菌繁殖和生存。因此只要消除上述一个条件,木腐朽菌就不能生存了。所以,防止木材腐朽最根本的方法,就是从构造上采取措施,使木材经常处理通风干燥的环境中,对于经常性或周期性受潮的结构,应采取化学防腐措施,达到防腐的目的。

3.门窗及其他细木制品验收时,应检查的项目有哪些?

答:(1)门窗及其他细木制品的制作质量是否符合设计要求和规范的规定。

(2)门窗安装的留缝宽度、门窗和其他细木制品安装的偏差是否符合规范。

(3)门窗的小五金及合页的安装是否齐全、牢固,位置是否适宜,门窗扇开关是否灵活,并在任何位置上均能保持稳定。

(4)是否执行防腐、防虫、防化学侵蚀的措施。

4.窗帘盒的施工操作要求是什么?

答:(1)支架与墙体连接;可在墙体中预埋角钢固定件或扁铁支架,或用射钉、膨胀螺栓固定支架。

(2)窗帘盒与支架连接,采用木螺钉与支架拧紧,连接牢固。

(3)安装窗帘轨、轨扣、滚子和滚阻等成品。

(4)木窗帘盒表面可贴木纹纸来装饰。

5.如何正确使用个人防护用品和安全防护用品?

答:建筑施工人员进入施工现场,必须戴安全帽,禁止穿拖鞋或光脚。在没有防护设施的高空施工必须系安全带,上下交叉施工有危险的出入口要有防护棚或其他隔离设施。距地面3 m以上作业要有防护栏杆、安全网。安全帽、安全带、安全网要定期检查,不符合要求的禁止使用。

参 考 文 献

[1]建筑工程施工质量验收统一标准(GB 50210—2001)2002.

[2]建筑装饰装修工程质量验收规范(GB 50300—2001)2002.

[3]王寿华、王比君.木工手册[M].北京:中国建筑工业出版社,2005.

[4]饶勃 .装饰工手册[M].北京:中国建筑工业出版社,2005.

[5]中国建筑装饰协会培训中心组织编写.建筑装饰装修木工(初级工、中级工)[M].北京:中国建筑工业出版社,2003.

[6]建设部人事教育司组织编写.木工[M]北京:中国建筑工业出版社,2002.

[7]北京土木建筑学会.建筑工人实用技术便携手册一装饰装修工[M].北京:中国计划出版社,2006.

[8]北京土木建筑学会.建筑工程技术交底记录[M].北京:经济科学出版社,2005.